Frontiers in Physics 6

惑星形成の物理
太陽系と系外惑星系の形成論入門

井田　茂 [著]
中本泰史

基本法則から読み解く **物理学最前線**

須藤彰三 [監修]
岡　真

6

共立出版

刊行の言葉

　近年の物理学は著しく発展しています．私たちの住む宇宙の歴史と構造の解明も進んできました．また，私たちの身近にある最先端の科学技術の多くは物理学によって基礎づけられています．このように，人類に夢を与え，社会の基盤を支えている最先端の物理学の研究内容は，高校・大学で学んだ物理の知識だけではすぐには理解できないのではないでしょうか．

　そこで本シリーズでは，大学初年度で学ぶ程度の物理の知識をもとに，基本法則から始めて，物理概念の発展を追いながら最新の研究成果を読み解きます．それぞれのテーマは研究成果が生まれる現場に立ち会って，新しい概念を創りだした最前線の研究者が丁寧に解説しています．日本語で書かれているので，初学者にも読みやすくなっています．

　はじめに，この研究で何を知りたいのかを明確に示してあります．つまり，執筆した研究者の興味，研究を行った動機，そして目的が書いてあります．そこには，発展の鍵となる新しい概念や実験技術があります．次に，基本法則から最前線の研究に至るまでの考え方の発展過程を"飛び石"のように各ステップを提示して，研究の流れがわかるようにしました．読者は，自分の学んだ基礎知識と結び付けながら研究の発展過程を追うことができます．それを基に，テーマとなっている研究内容を紹介しています．最後に，この研究がどのような人類の夢につながっていく可能性があるかをまとめています．

　私たちは，一歩一歩丁寧に概念を理解していけば，誰でも最前線の研究を理解することができると考えています．このシリーズは，大学入学から間もない学生には，「いま学んでいることがどのように発展していくのか？」という問いへの答えを示します．さらに，大学で基礎を学んだ大学院生・社会人には，「自分の興味や知識を発展して，最前線の研究テーマにおける"自然のしくみ"を理解するにはどのようにしたらよいのか？」という問いにも答えると考えます．

　物理の世界は奥が深く，また楽しいものです．読者の皆さまも本シリーズを通じてぜひ，その深遠なる世界を楽しんでください．

須藤彰三
岡　真

まえがき

　太陽系外の惑星（系外惑星）の研究は，かつての科学者の想像をはるかに超えたスピードで進展し，現在では，天文学における一大分野になってきている．そのきっかけになったのは，1995年にペガスス座51番星でホットジュピターと呼ばれる系外惑星が発見されたことである．その後，怒濤のような系外惑星の発見ラッシュが続き，発見数は，2014年末時点で2,000個に迫り，候補天体まで入れると5,000個に達しようとしている．銀河系の少なくとも太陽近傍領域では，銀河系を構成する大半の恒星の周りに惑星がまわっていることが確実になってきた．

　その惑星系の軌道配置は実に多彩である．系外惑星の中には内部構造や大気成分まで観測的に推定されているものもあるが，そこにも大きな多様性があることがわかった．今後の観測は，個々の惑星および惑星系全体の多様性を暴いていくとともに，定量的な確率分布も急速に明らかにしていくであろう．

　一方で，中心星からの距離がほどよくて地球のように海をたたえ，生命を育んでいるのではないかと期待される惑星も多数存在していることがわかった．そこに生命はいるのか，いたとしたら生命存在の証拠をどのように天文観測するのかという議論も活発になり，宇宙望遠鏡や地上大型望遠鏡の計画も次々と立案されている．系外惑星の研究は，天文学における一大分野になっただけではなく，アストロバイオロジー（宇宙生物学）を牽引するとともに，生命の起源の議論をも刺激している．

　1995年頃までには，恒星や銀河系，そして宇宙全体の構造，さらには宇宙の始まりについてまで明らかになっていた．しかし，惑星系に関しては，17世紀のガリレイやケプラーによる太陽系の概念の確立以来，たった1つのサンプルである太陽系の研究が細々と続いていただけであった．1995年以降の系外惑星の発見ラッシュによって，惑星形成論という学問分野は，太陽系という1つの形がどうやってできたのかを説明するマイナーな学問分野から，惑星系の普遍

性と豊かな多様性を確率分布まで含めて統一的に説明し，さらには宇宙における生命の存在確率までを議論するメジャーな学問分野へと変貌したのである．

しかしながら，その発展があまりに急激なために，系外惑星を射程においた惑星形成論のテキストは完備されていないままである．大学院生レベル以上の専門書では，日本語のものは著者の一人（井田）が書いた一冊だけで，英語のものも一冊あるくらいであり，一般啓蒙書も著者たちが書いたものが少数あるだけである（巻末の参考文献参照）．この急激な進展に魅力を感じて系外惑星の研究に進もうと考える学部生にとって，適切なレベルの教科書は，国内外に一冊もなかったというのが現状である．それが，学部レベルの物理学，物理数学をベースとした，学部生向けテキストである本書を著すことにした動機である．

本書の構成は以下のようになっている．第1章では，系外惑星の観測を簡潔にまとめる．第2章で，惑星形成を議論する上で必要な基礎的な物理を簡単に紹介したのち，第3章では，現代の惑星形成理論の枠組みや各論を一通り述べる．惑星形成は多くの過程が関与する複雑な現象だが，各部分の説明においては，そうした複雑な現象をどのように物理として捉えるかという視点を提示することに留意した．そのため，式の導出など各部の詳細を深く掘り下げた説明まではせず，むしろ，式の背後にある本質的な意味などを中心に説明した．本書の最終章では，これまでの惑星形成過程の理解を総合して系外惑星の観測データと比較検討する「惑星分布生成モデル」を紹介する．ただし，このようなモデルはまだ発展途上であり，惑星形成のすべてを理解するにはいたっていない．今後に期待したい．

このように本書は，2010年代半ばにおける惑星形成理論の到達点を簡潔にまとめて示している．惑星形成に興味のある多くの人たちにとって，その内容を理解するために有意義な一冊となるだろう．特に，この分野の研究で次に続く若い人たちが，先人達の理解を学ぶ際の一助となることを期待したい．一方で，惑星形成の研究を，多数の過程が関与する複雑な現象を理解しようとする作業の一例と捉え，そうした視点で本書を読むこともできるだろう．本書を，多くの人に楽しんでもらえたらと思う．

2015年2月　　　　　　　　　　　　　　　　　　　　　　　井田茂・中本泰史

目　次

第 1 章　系外惑星と「惑星分布生成モデル」　　1

- 1.1　多様な系外惑星系 …………………………………… 1
- 1.2　惑星系の形成 …………………………………………… 9
- 1.3　惑星分布生成モデル ………………………………… 11

第 2 章　惑星系の物理の特徴　　13

- 2.1　太陽系の惑星 …………………………………………… 13
- 2.2　軌道運動 ………………………………………………… 17
  - 2.2.1　二体問題 ……………………………………… 17
  - 2.2.2　惑星形成領域で ……………………………… 23
- 2.3　粒子群同士の衝突 …………………………………… 25
  - 2.3.1　気体分子同士の衝突 ……………………… 26
  - 2.3.2　光と物質の衝突 ……………………………… 29
- 2.4　静水圧平衡 ……………………………………………… 32
  - 2.4.1　天体が作り出す重力 ……………………… 32
  - 2.4.2　重力と圧力の釣り合い …………………… 33
- 2.5　潮汐力 …………………………………………………… 36
  - 2.5.1　ロシュ限界 …………………………………… 37
  - 2.5.2　円盤の自己重力不安定 …………………… 41

第3章　惑星形成プロセス　　　　　　　　　　45

- 3.1 原始惑星系円盤の熱構造 46
  - 3.1.1 円盤の温度：光学的に薄い場合 46
  - 3.1.2 円盤の温度：光学的に厚い場合 50
- 3.2 原始惑星系円盤の力学構造 56
  - 3.2.1 鉛直方向の構造 56
  - 3.2.2 動径方向の構造 58
  - 3.2.3 太陽系復元モデル 59
- 3.3 円盤降着 60
  - 3.3.1 角運動量輸送 61
  - 3.3.2 質量分布進化 64
  - 3.3.3 円盤ガスの消失 66
- 3.4 ダストの運動 69
  - 3.4.1 ガス抵抗則 70
  - 3.4.2 ガス・ダスト2成分流体の運動 72
- 3.5 ダストの合体成長と微惑星の形成 76
  - 3.5.1 付着成長 76
  - 3.5.2 重力不安定 78
- 3.6 微惑星の合体成長 79
  - 3.6.1 成長時間 80
  - 3.6.2 暴走成長 84
  - 3.6.3 寡占成長 87
  - 3.6.4 ヒル半径，孤立質量，巨大衝突 88
- 3.7 ガス惑星の形成 93
  - 3.7.1 限界コア質量 93
  - 3.7.2 準静的ガス流入 96
- 3.8 軌道移動 97
  - 3.8.1 タイプI移動 98
  - 3.8.2 タイプII移動 101

第4章　惑星分布生成モデル　　105

- 4.1　太陽系惑星の作り分け 105
- 4.2　系外惑星の多様性の起源 107
- 4.3　惑星分布生成モデルのレシピ 111
- 4.4　惑星分布生成モデルが示すもの 119

参考図書　　127

索　引　　129

第1章 系外惑星と「惑星分布生成モデル」

1.1　多様な系外惑星系

　銀河系には数千億個の恒星（太陽と同じように，核融合反応によって自らエネルギーを作り出し，光り輝いているガスの天体）が存在している．その恒星の大半には，太陽系と同じように惑星系が存在することがわかってきた．

　太陽以外の恒星を巡る惑星を「**系外惑星**」と呼ぶが，系外惑星が初めて発見されたのが，1995年．1940年代から系外惑星探しが始まったが，それからの半世紀の間，（誤報はいくつもあったが）何も発見されなかった．それが嘘のように，1995年からの20年間，怒濤のように系外惑星が発見され，2014年末の時点で発見数は2000個に迫り，候補天体まで入れると5000個に達しようとしている．

　実は1980年代には，系外惑星を十分に検出できる観測精度に達していた．だが，これから紹介していくように，当初発見が続いた系外惑星系は太陽系からは似ても似つかない姿をしていた．当時，われわれが知っていた惑星系は太陽系だけであり，太陽系では，中心星に近い方から小型岩石惑星（水星，金星，地球，火星），巨大ガス惑星（木星，土星），中型氷惑星（天王星，海王星）の順に円軌道で並んでいる（2.1節参照）．その並びを整合的に説明する理論もあった（4.1節参照）．それゆえ，1995年までは太陽系の姿を基準にして系外惑星探しが行われていたので，すでに観測データに含まれていた系外惑星の信号を取り出すことができなかったのである．

　いったん多様な系外惑星系に姿が認知されると，すでに観測精度としては足りていたので，次から次へと系外惑星の発見が続いたのだ．また，半世紀もの間，発見ができなかったので，当時の系外惑星探しは予算も人手も極端に限られた零細分野であった．だが，次から次へと系外惑星の発見が続いたことで，予

算も人手も投入されて，観測精度もどんどん向上し，観測時間の割り当てもどんどん増えたので，爆発的に発見数が増えていき，系外惑星研究はあっという間に天文学の重要分野へと変身していった．

一般には質量や物理半径（サイズ）が大きな惑星ほど発見されやすいのだが，観測精度の急速な向上により，現在では，中心星に近い軌道をもつものであれば地球サイズ以下の惑星までが検出されるようになった．また，1つの中心星に複数の惑星がまわっているものも多数発見されるようになり，個々の惑星の統計データだけではなく，惑星の並び方など惑星「系」としての性質を記述するデータも集まってきている．

銀河系の中でも，主に太陽の近傍の恒星しか観測できていないのだが，それでもこれだけの数が発見された結果，太陽と同じような質量の恒星（太陽型星）では[1]，その大半に惑星が存在していることがわかった．惑星系は普遍的な存在なのである．

数だけではない．系外惑星系の姿は，太陽系の姿からは到底想像することができない多様なものだった．なかでも，中心星の至近距離を数日で周回する灼熱の巨大ガス惑星「**ホット・ジュピター**」や，彗星軌道のような偏心して歪んだ軌道をえがく巨大ガス惑星「**エキセントリック・ジュピター**」は，天文学者たちを眩惑した．太陽系では，木星，土星が巨大ガス惑星に対応するが，これらの惑星が太陽からかなり離れた真円に近い軌道を10〜30年という長い周期で公転しているのとは，あまりに対照的である．

図1.1は，**視線速度法**と呼ばれる方法で発見された系外惑星の質量と軌道長半径（中心星と惑星の軌道一周で平均した距離に対応するが，厳密な定義は2.2.1項を参照）の分布を示す．太陽系の水星，地球，木星，土星も比較のために一緒に示してある．

視線速度法とは，中心星の光のドップラー遷移を調べることで惑星を検出する方法である．ハンマー投げの砲丸と選手の関係のように，惑星が周回することによって中心星がふらつく．「ふらつく」というのは，惑星が周回していると恒星も，恒星と惑星の共通重心のまわりを周回することになるからである．このふらつきによる中心星の光のドップラー遷移を調べるのである．恒星と惑星の距離を a とすると，恒星と重心との距離は，

---

[1] 主系列段階と呼ばれる，水素核融合をする安定した段階では，恒星の性質の違いは，その質量だけでだいたい決まる．

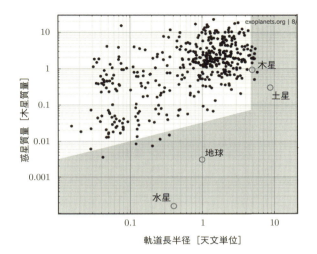

図 1.1 系外惑星の質量と軌道長半径の分布．軌道長半径は，中心星と惑星の軌道一周で平均した距離に対応する（厳密な定義は 2.2.1 項を参照のこと）．軌道長半径の単位は太陽と地球の軌道長半径（天文単位と呼ぶ）．視線速度法（本文参照）で発見された惑星を表示した．データは http://exoplanets.org による 2014 年末現在のもの．惑星質量については，本文の注意を参照のこと．影をつけた部分は視線速度が 1 m/s 以下となり，現状の観測精度では検出が難しい．また，軌道長半径が 5 天文単位以上の惑星も原理的には観測可能だが，やはり検出が難しい．それらの惑星の軌道周期が長く，それだけの期間のデータ取得が必要になるためである．太陽系の水星，地球，木星，土星も参考のために表示してある．

$$a_* = a\frac{M_\mathrm{p}}{M_* + M_\mathrm{p}} \simeq a\frac{M_\mathrm{p}}{M_*} \tag{1.1}$$

となる．ここで M_*, M_p は恒星と惑星の質量で，$M_\mathrm{p} \ll M_*$ とした．円軌道の場合，惑星にかかる遠心力 ($a\Omega_\mathrm{K}^2$) と中心星重力 (GM_*/a^2) が釣り合うので，公転角速度 (Ω_K) は，

$$\Omega_\mathrm{K} \simeq \left(\frac{GM_*}{a^3}\right)^{1/2} \tag{1.2}$$

と与えられる．公転周期は $T_\mathrm{K} = 2\pi/\Omega_\mathrm{K}$ なので，上式は公転周期と軌道長半径の関係を表すケプラーの第 3 法則に他ならない（図 2.6 参照）．恒星が重心の周りを回る速度は

$$v_* = a_*\Omega_\mathrm{K} = \frac{G^{1/2}M_\mathrm{p}}{M_*^{1/2}a^{1/2}} \simeq 30\left(\frac{a}{1\mathrm{AU}}\right)^{-1/2}\left(\frac{M_\mathrm{p}}{M_\mathrm{J}}\right)\left(\frac{M_*}{M_\odot}\right)^{-1/2} \mathrm{m/s} \tag{1.3}$$

で与えられる．ここで，$M_{\rm J}$ は木星質量で，地球質量 $M_\oplus$ の 318 倍であり，$M_\odot$ は太陽質量．恒星はこの回転運動によって，われわれに近づいたり，遠ざかったりする．視線方向の速度成分は，視線方向と軌道面法線のなす角を i とすると，$v_* \sin i$ の振幅で正弦関数的に時間変化するので，それに応じたドップラー遷移が観測されることになる．ドップラー遷移は，中心星光のスペクトルの吸収線の波長のずれを測定して見積もる．この正弦関数的変化の周期が惑星の軌道公転周期に対応するので，式 (1.2) を使って惑星軌道長半径 a が求まる[2]．また，観測される振幅 $v_* \sin i$ と求められた軌道長半径から，$M_{\rm p} \sin i$ が決まる．角度 i は一般には不定だが，軌道面法線の方向はランダムだと考えて $\sin i$ を平均すると，

$$\langle \sin i \rangle = \frac{\int_0^{2\pi} \int_0^{\pi} \sin i \sin i \, di \, d\phi}{4\pi} = \frac{\pi}{4} = \frac{1}{1.27} \tag{1.4}$$

となるので，真の質量 $M_{\rm p}$ は，平均的には観測された質量 ($M_{\rm p} \sin i$) の 1.27 倍に過ぎない．惑星質量は巨大ガス惑星だけを考えても 1 桁以上のばらつきがあるので，この $\sin i$ の不定性は，統計的な議論をする限り無視できる．図 1.1 では惑星質量として，観測値の $M_{\rm p} \sin i$ をプロットしてある．

惑星は圧倒的に明るい中心星のすぐそばにいるので，惑星の光を直接検出することは容易ではない．中心星光を観測して惑星が中心星光の変動を与える効果から惑星を検出する，上記の視線速度法や後述のトランジット法のような方法を「間接法」と呼ぶ．中心星と惑星の重力によって，その付近の空間がレンズのように曲がるが，それによって視線方向で背後にある別の恒星が増光して見えることをとらえて惑星を発見する**重力マイクロレンズ法**というものもある．これも間接法と言っていいであろう．現在では，中心星から離れた巨大惑星については直接法でも検出されるようになってきているが，まだまだ間接法による惑星の発見が圧倒的に多い．

図 1.1 を見てもらうと，木星クラスの質量の巨大惑星で軌道長半径が 0.1 天文単位（天文単位は地球の軌道長半径）以下のものが多数発見されていることがわかる．これらが「ホット・ジュピター」である．太陽系惑星で最も内側をまわる水星でも 0.39 天文単位の軌道半径であり，巨大惑星では木星の軌道長半径が 5.2 天文単位（軌道周期約 12 年），土星の軌道長半径が 9.6 天文単位（軌道周期約 29 年）なので，ホット・ジュピターと太陽系惑星の姿との違いは際立っ

---

[2] 中心星の質量 M_* は，恒星に関する知見から推定しておく．

ている．最初に発見されたペガスス座51番星の惑星は，ホット・ジュピターであった．

式 (1.3) を見てもらうと，0.05AU にある木星質量のホット・ジュピターの視線速度が 130 m/s にも達することがわかる．1980年代には，視線速度観測の精度はホット・ジュピターを余裕で検出できる 10 m/s のレベルにまで達していた．ところが，巨大な惑星は太陽系の木星や土星のような公転周期10年以上という大きな軌道半径をもつだろうと想定していたので，公転周期が数日というようなホット・ジュピターのデータを拾い上げることができなかったのである．

現在では視線速度観測の精度は 1 m/s 以下になっている．観測精度が 1 m/s の場合，式 (1.3) を見ると，太陽質量の星のまわりでは $M_p \sim 10(a/1\mathrm{AU})^{1/2} M_\oplus$ の惑星まで検出できることがわかる．中心星に近ければ，地球質量に近い惑星まで検出できるのである．

惑星が楕円軌道の場合は，中心星に近づいたときは速度が大きく，遠ざかったときは速度が小さくなる．つまり，正弦関数からのずれを観測すれば惑星軌道の楕円の度合いも観測できることになる．図 1.2 は軌道離心率と質量の関係を示す．軌道離心率は軌道の偏心と楕円の度合い表す量で，円軌道では0で，偏心と楕円が強くなるにつれて0から大きくなり，放物線軌道では1になる（定義は 2.2.1 項を参照）．木星や土星質量程度以上の巨大惑星に注目すると，木星

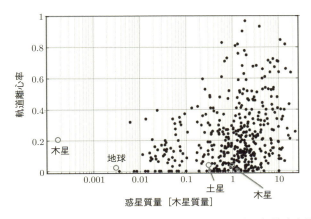

図 1.2　系外惑星の軌道離心率と質量の分布．図 1.1 と同じく，視線速度法によるデータ．ここで，軌道離心率は軌道が偏心し楕円である程度を表す量で，0が円軌道で，1が放物線を表す（定義は 2.2.1 項を参照のこと）．

や土星の軌道離心率は 0.05 程度で，軌道は極めて円に近いのに対して，系外の巨大惑星では軌道離心率が一般に大きい．太陽系惑星で最も歪んだ軌道をもつのは最軽量の惑星の水星で，離心率は 0.2 である．系外惑星では，木星クラス以上の質量の惑星でも離心率 0.2 をこえるものが多数存在する．これらを「**エキセントリック・ジュピター**」と呼ぶ．なかには離心率 0.9 というような，彗星のような非常に歪んだ軌道のものまで存在する．

図 1.1 や図 1.2 のデータは視線速度法を使って得られたものであるが，それとは異なる**トランジット法**という方法もある．この方法は，中心星の明るさを継続的に観測し，惑星が中心星に対して起こす食による中心星の減光を検出することで，惑星の存在をとらえる間接法である．減光率は，単純に惑星と中心星の断面積の比であり，木星と太陽の場合は 1% である．

遠方の恒星の半径 R_* は直接測ることができないが，以下のように見積もることができる．見かけの明るさと距離の観測値から実際の明るさ（単位時間に中心星が発する全エネルギー L_*）を見積もり，観測された恒星の色から有効表面温度 ($T_{\rm eff}$) を計算する（温度が高ければ青く見え，低ければ赤く見える）．ステファン＝ボルツマンの法則から，$L_* = 4\pi R_*^2 \sigma_{\rm SB} T_{\rm eff}^4$ なので（ここで $\sigma_{\rm SB}$ はステファン＝ボルツマン定数），L_* と $T_{\rm eff}$ がわかれば，R_* を見積もることができる．そして，R_* に観測した減光率の平方根をかければ，惑星半径 R_p が求まる．また，減光が起こる周期が惑星の公転周期 $T_{\rm K} = 2\pi/\Omega_{\rm K}$ に等しいので，中心星の質量がわかれば，式 (1.2) から惑星の軌道長半径 a が求まる．恒星質量は恒星の進化モデルを使って L_* と $T_{\rm eff}$ から推定する．

トランジット法では中心星の明るさの時間変化だけをとらえればいいので，観測としては，スペクトルにある吸収線の微妙なずれを観測する視線速度法よりもたやすい．問題点としては，中心星自身の脈動による変光や黒点が（われわれから見て）表側に自転で回ってくることによる見かけの明るさの変化と区別するのが簡単ではないということもあるが，最大の問題は，食が観測できるためには惑星軌道面と視線方向がほぼ一致しなければならならず，その確率が一般に低いことである．軌道面が視線方向に対して角度 i' 傾いているとしよう（この i' は視線速度法で出てきた i と，$i' = \pi/2 - i$ の関係がある）．食が起こるのは $\sin i' < R_*/a$ を満たす場合のみであり，軌道面法線の向きがその条件を満たす確率は，立体角を考えると，

$$P \simeq \frac{2\sin i' \times 2\pi R_*}{4\pi} = R_*/a \simeq 0.1 \left(\frac{a}{0.05\mathrm{AU}}\right)^{-1} \left(\frac{R_*}{R_\odot}\right) \quad (1.5)$$

となる（ここで $i' \ll 1$ とした）．0.05AU にあるホット・ジュピターであるなら確率は 10%もあるのに対して，木星のように 5AU にある場合は確率は 0.1%になってしまう．木星クラスの惑星による食の減光率 1%というのは，小望遠鏡でも CCD を使えばもちろんのこと，半世紀以上前の技術の写真乾板を使っても検出可能である．ところが系外惑星探しは，20 世紀においては，中心星の見かけの位置のずれの測定（アストロメトリ法）や視線速度法で行われてきた．トランジット法での探索が行われていなかったのは，ひとえに木星のような巨大ガス惑星を想定していたからである．仮にそのような惑星が存在していたとしても，その惑星の食が起こる軌道をもつ確率は 0.1%とあまりに低く，また食を起こす軌道になっていたとしても，食が観測できるのは 10 年以上という公転周期の間にたった 1 回である．これだけ分が悪い観測に誰も本腰を入れなかったのは当然のことである．しかし，実際はホット・ジュピターのような惑星が存在した．食が起こる確率は 10%に達し，周期は数日である．系外惑星をトランジット観測で発見するという，当時では無謀な試みを誰かがしていれば，系外惑星は半世紀以上前に発見されていたかもしれない．

宇宙空間では大気の揺らぎがないので，減光率 1%どころか，地球サイズの惑星による 0.01%の減光も観測可能になる．2009 年に打ち上げられたケプラー宇宙望遠鏡はトランジット法で惑星探しを行い，地球サイズ以下の惑星まで発見した．もちろん，式 (1.5) より，中心星に近い軌道のものが選択的に発見されたのだが．ケプラー宇宙望遠鏡の観測の結果（図 1.3）によると，トランジット法で発見された中心星に近い軌道を周回する系外惑星の大多数は，地球サイズ程度から数倍のサイズ（質量で言えば，地球質量程度からその 10 倍程度）の大型の固体惑星「スーパー・アース (Super-Earth)」である．それらはほとんどが複数で，太陽系で言えば水星の軌道 (0.39AU) よりも中心星に近い領域にいくつもひしめきあっているようである．太陽と同じくらいの質量の恒星がそのようなスーパーアースをもつ確率は 50%にも達するのではないかと推定されている．太陽系では水星軌道の内側には定常的にまわっている天体は存在しないので，太陽は残りの 50%に属することになる．

中心星の質量が異なればもちろん惑星系の姿は変わる傾向にあるが，それよりも，同じ質量の中心星に属する惑星系間の多様性のほうが大きい．実は図 1.1，

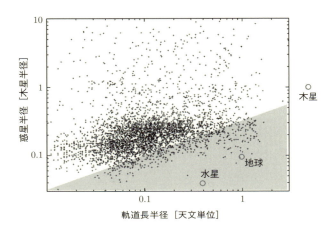

図 1.3 系外惑星の物理半径と軌道長半径の分布．ケプラー宇宙望遠鏡によってトランジット法（本文参照）で発見された惑星候補天体を表示している（惑星だと確定したのはまだ一部だが，大部分は惑星だろうと考えられている）．データは http://keplergo.arc.nasa.gov/DataAnalysisRetrieval.shtml による 2014 年末現在のもの．トランジット法は食を観測するので，惑星の質量ではなく断面積が測定される．ここでは断面積から求まる物理半径を示している．トランジット法では，食を起こす軌道面になっている確率は軌道長半径に反比例しているので（式 (1.5)），軌道長半径が大きいものは実際はもっと多いはずである．影をつけた部分は現状の観測精度では検出が難しい．太陽系の水星，地球，木星も参考のために表示してある．

1.2, 1.3 のデータの惑星の中心星の大半は太陽と同じくらいの質量の恒星のまわりの惑星であって，これらの図は中心星質量の違いによる多様性を表すのではなく，太陽型星のまわりでの惑星系の多様性を表している．この惑星系の多様性の起源に関しては，現在も熱い議論が繰り広げられている．

トランジット法では，発見数は多くないものの，中心星からの距離がほどよくて，地球のように海をたたえ，生命を育んでいるのではないかと期待される惑星も発見されている．それに従って，系外地球型惑星での生命の存在の可能性の議論や，そこに生命がいたとしたらその証拠（バイオ・シグナチャー）をどのように天文観測するのかという議論も活発になってきている．2020 年代に稼働予定の，日米中などの協力で計画されている口径 30 メートルの地上望遠鏡 TMT(Thirty Meter Telescope) やヨーロッパ共同で計画されている口径 40 メートルの E-ELT(European Extremely Large Telescope) では，このようなバ

イオ・シグナチャーの観測が可能になると期待されている．また，星間空間ではアミノ酸レベルの有機物も次々と観測されており，太陽系内でも木星の衛星のエウロパや土星の衛星のエンケラドスで，表面から有機物が混ざった水蒸気が間欠的に吹き出すことが発見されている．このような状況の中，天文学の研究者の間では地球外生命の議論や生命の起源の議論が大きな注目を集めている．

1.2 惑星系の形成

1995年までは惑星系のサンプルは太陽系ただ1つだったので，惑星形成の議論とは，太陽系の姿を説明できるかどうかという議論に等しかった．ところが現在では惑星系の多様性や普遍性が認識され，それに対して大量のサンプルのもとに統計的な議論が行われている．1995年を境にして惑星系の形成についての研究は，考え方がまるで変わってしまったのだ．

惑星系の形成は，マイクロメートル以下の固体微粒子（ダスト）から数千～数万キロメートルの半径をもつ惑星が形成されるまでを追う，多様な物理が絡む多段階のプロセスである．標準的な考え方の大枠を説明すると以下のようになる．[3]

恒星は銀河系に浮かんでいるガス雲が自身の重力で集まって形成される．ガス雲はわずかに回転しながら収縮していくが，角運動量が保存されると速く回転するようになるので，ガスの一部は収縮しきれずに原始星の周りを円盤状に周回する．この円盤状天体を「**原始惑星系円盤**」と呼ぶ．円盤は乱流により角運動量を少しづつ失い[4]，観測によると数百万年で最終的に中心星に落ちていくのだが，その前に惑星が形成されて中心星のまわりに取り残されることになる．

円盤の組成は中心星とほぼ同じで，水素とヘリウムが全体の98%パーセントくらいの質量を占め，残りが酸素，炭素，ネオン，窒素，マグネシム，ケイ素，鉄などの重い元素となる．それら重い元素はマイクロメートル・サイズ以下の岩石成分（酸素，ケイ素，マグネシウムなどを中心としたケイ酸塩）や金属鉄

---

[3] 惑星系は原始惑星系円盤から生まれたという考えに異論を挟む研究者はいないが，微惑星からボトムアップで惑星が形成されたという考えに対しては，円盤の分裂からトップダウンで形成されたという別の可能性を指摘する研究者もいる．

[4] 円盤内での角運動量の再配分が起こり，大半の角運動量を担ったわずかな質量が外に移動する一方，質量の大半は角運動量を失って中心星に向かい移動する．

の固体微粒子（ダスト）として凝縮する．水素は，摂氏マイナス100度以下の低温領域において一部が酸素と結合して H_2O の氷のダストとして凝縮するが，ほとんどは分子ガス(H_2)のまま残る．ヘリウムは完全にガスのまま残り，ネオン，窒素，炭素もガスに残りやすい（窒素や炭素は極低温領域で，NH_3 や CO_2 としてダストに凝縮するが）．水素とヘリウムの大部分は，宇宙誕生時のビックバンによって作られたものだが，重い元素は恒星の内部での核融合によって合成され，超新星爆発などによって宇宙空間に再びまき散らされたものである．

この重い元素を主体にして作られる岩石や鉄，氷の固体のダストが，惑星の最初の材料物質になる．摂氏マイナス100度以上の中心星に近く暖かい領域では，岩石や鉄のダストが主成分で，その温度以下の中心星から遠く冷たい領域では，氷のダストが主成分になる．また，水素やヘリウムなどのガスは，固体惑星がある程度成長するとその重力に引きつけられて惑星に集積するので，水素やヘリウムも惑星の構成物質になる．水素やヘリウムは量が圧倒的に多いので，いったん惑星に集積すると，最終的に形成される惑星の主成分となることもある．

凝縮したダストは円盤ガスの中で徐々に集まって，キロメートルサイズの「**微惑星**」と呼ばれる小型の天体群が形成される．その微惑星は中心星を周回しながら，長い時間をかけて衝突・合体を繰り返し，月サイズを超える「**原始惑星**」ができる．中心星から離れた温度が低い領域では氷ダストが凝縮することもあり，地球よりもずっと重い，氷を主成分とする原始惑星ができる．大きな原始惑星は強い重力で円盤ガスを引きつけて，巨大なガス惑星になる．ただし，中心星から十分離れると原始惑星の成長が遅いため，円盤ガスの寿命に間に合わず，円盤ガスを引きつけ損ねて氷惑星として残る．中心星に比較的近い領域では，原始惑星は十分な大きさにならないので円盤ガスを引きつけることができず，代わりに原始惑星同士が長い時間かけて激しい衝突（ジャイアント・インパクト）を起こして最後の成長をする．

1995年までは，このような複雑な多段階プロセスをとにかく積み上げて，太陽系の姿を再現することが惑星形成論の目標であった．4.1節で示すように，上記のようなシナリオは，太陽系の惑星が内側から小型岩石惑星（水星，金星，地球，火星），巨大ガス惑星（木星，土星），中型氷惑星（天王星，海王星）の順に円軌道で並んでいることを整合的に説明するように見える．しかし，図1.1，図1.2，図1.3のような系外惑星の観測データが示すことは，惑星系を考えると

きには太陽系だけを見ていてもだめだということである．動物を議論するときにキリンだけを見ていてもだめだというのと同じである．ゾウやネズミといった他の多様な動物をみて初めて，動物とは何かが議論できるのである．系外惑星系の統計的な分布もわかってきているので，その確率分布も含めて説明されなければならないし，その分布があるからこそ惑星系とは何かが議論できる．

一方で，個々の系外惑星系に対するデータは極めて限られている．多数の惑星が1つの惑星系に存在していたとしても，その中で最大のものだけしか検出されない場合もあるし，惑星の軌道や質量がよく定まっていない場合もある．さらに，内部構造や大気といった情報については，データがある惑星のほうが少数である．一方で，われわれは太陽系については個々の惑星についても詳細な力学的データを持っており，さらに内部構造の推定モデルや同位体比など化学的データも近年次々と明らかにされてきている．したがって，太陽系の形成を精密に再現することはとても重要である．ただしその理論モデルは，太陽系の形成と多様な系外惑星系の多様性の説明を整合的に説明する必要がある．つまり，惑星の形成モデルの構築においては，系外惑星の統計的性質と太陽系の固有の詳細な性質の両面から攻める必要がある．

1.3　惑星分布生成モデル

このような多様な系外惑星系の統計的分布が観測的にわかってくるようになった2000年代前半に，著者（井田）らが考案したのが，「**惑星分布生成モデル** (Planet Population Synthesis)」である．

観測が急速に進展している状況では，それを説明する理論がなければ整理がつかないし，次にどの方向に観測を進めるべきかの指針がつかみにくい．一方で，その観測データを使って理論モデルを較正しない手はない．

ところが，惑星形成過程は多様な物理が絡む多段階のプロセスである．理論と観測との比較はたやすくはない．たとえば，微惑星が中心星を周回しながら合体成長していく過程をシミュレーションしようとすると，重力 N 体シミュレーションと呼ばれる，全粒子間の重力相互作用を計算しながら軌道変化や衝突を計算する方法を使わなければならない．1万粒子を計算するならば，約1億ペアの相互作用を常に計算する必要が生じる．この過程をシミュレーション

するだけで，スーパーコンピューターなどの高速計算機を動員しての大変な計算をしなければならない．ところが，そこで計算した原始惑星は本来はガス円盤と相互作用して軌道は変化するし，ガスを捕獲して巨大ガス惑星になるかもしれない．つまり，このシミュレーションの結果からだけでは理論と観測を直接比較することはできない．

そこで，惑星分布生成モデルの登場である．第4章で詳しい説明をするが，これは，惑星形成の各過程についての詳細なシミュレーション結果を半解析的なモデルに落とし込んで，その過程をつなぎ合わせて構築した惑星形成の包括的統合モデルである．初期条件をインプットすると簡単に最終的な惑星系がアウトプットされるというもので，コンピュータの中で「天地創造」をすることができる．これを使えば図1.1や図1.2のような観測データと理論予測を直接比較できて，観測からわかった分布がどのような物理過程を反映しているのかが明らかになる．また，理論モデルにはわれわれが気づかずに抜けている過程や不定性が大きな過程がいくつもあるはずだが，理論予測と観測データの食い違いから逆に，その過程をあぶり出したり，不定性を較正することもできる．

惑星分布生成モデルでは，初期条件分布に応じて多数の計算を繰り返して惑星の分布を導き出すので，惑星形成の各過程のモデル化は十分に簡素でなければならないが，詳細なシミュレーションで明らかにされた物理の本質的な部分を損なってしてしまったり，定量的な誤差が大きくなりすぎてはならない．そのあたりの案配が研究者の腕の見せ所である．

著者（井田）らが惑星分布生成モデルという全く新しいコンセプトの理論モデルを発表して以来，その有用さはすぐに認められ，世界中の系外惑星観測プロジェクトの立案やデータの解釈に活用された．また，われわれのモデルにならって世界中で同じ方法論の理論モデルが作られ，もちろん，われわれのモデルも次々とバージョンアップされた．

このモデルにゴールはない．このモデルは方法論であって，観測が進展していくにつれてこれからも日々バージョンアップされていく．したがって本書では，惑星形成の各プロセスの物理的な本質は何だと考えられるのか，それはどのようにモデル化されるのか，またどこがよくわかっていないのかを説明した上で，それらをどのように組み立てるのかという考え方を説明したいと思う．さらには，惑星形成だけではなく，一般的に多層的で複雑なプロセスをどう扱うのかに対しての1つのやり方を示せるのではないかと期待する．

第2章 惑星系の物理の特徴

2.1 太陽系の惑星

　ここまで，本書の出発点として系外惑星の発見の紹介をしてきたが，この章では，そもそも惑星とはどのような天体かという話に立ち戻って，丁寧に議論を始めたいと思う．まずは，太陽系の惑星から始めることにする．

　夜空を彩る星々のほとんどは，恒星である．恒星たちは人々の日常感覚の時間の間にはその相対位置を変えないので，人々は恒星を，星座を構成する星として認識している．

　一方，夜空でひときわ明るい光で輝きながら他の星々に対して日ないしは年の単位で相対位置を変える星がいくつかある．金星や木星などがそうであり，これらは惑星と呼ばれている．惑星は，自らはエネルギーを作り出さず，太陽からの光を反射することによって輝いている．惑星が他の恒星に比べて明るいのは，圧倒的に地球に近いからである．

　太陽系には地球を含めて8つの惑星が存在し，太陽の周りを公転している．太陽系にある惑星は次の8つである[1]：水星，金星，地球，火星，木星，土星，天王星，海王星．これらはそれぞれいろいろと調べられているが，ここでは惑星系の形成過程を考える上で重要な特徴をまとめておこう．

---

[1] 国際天文学連合は2006年，太陽系内の天体において次の3つの条件を満たしているものを惑星と呼ぶと定めた：(1) 太陽の周りを公転している，(2) 自己の重力によって形状がほぼ球になっている，(3) 軌道上から他の天体を一掃している．この結果，事実上この8つだけが惑星となった．太陽系外の惑星については現時点では定義は存在しないが，いくつかの考え方がある．たとえば，"恒星の周囲を公転し，質量が木星質量の13倍以下のものを惑星と呼ぶ"というものはその1つである．この例では，それ以上の質量では重水素や水素の核融合反応が起こるので，それらは褐色矮星や恒星に分類されるということを基準にしている．この他に，形成過程によって分類しようという考え方もある．

公転運動

すべての惑星は太陽の周りを公転している．太陽だけの重力を受けて運動している惑星の公転軌道は，太陽を1つの焦点とする楕円となる（図2.1, 2.2節参照）．力学的にはどのような楕円でもよいのだが，太陽系の惑星の実際の軌道は，非常に円に近い楕円である．楕円は平面上の図形だから，各惑星はそれぞれ太陽を含む決まった平面上に存在していることになる．この平面は軌道面と呼ばれる．また，このような一定平面上の中心星を焦点とした楕円軌道を一般に「**ケプラー軌道**」と呼ぶ．ケプラー軌道は惑星の軌道面同士の関係については何も規定しない．それらはそれぞれ任意の方向を向いていてもよいはずである．しかし実際の太陽系惑星の軌道面を見てみると，8つの軌道面はほとんど重なっている．また，すべての惑星は同じ方向に公転している．これらのことは，惑星系の形成過程と何らかの関係があると考えられる．

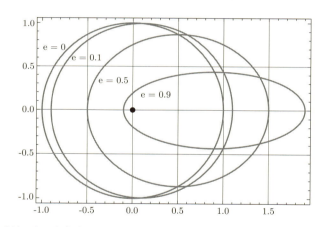

図 2.1 惑星は太陽を焦点とする楕円軌道上を公転する．それを示したのが，ケプラーの第1法則である．楕円の「ひしゃげ具合」は離心率 e で表される（離心率の詳細は 2.2 節参照）．この図では，焦点と軌道長半径が同じながら離心率が異なる4つの楕円が示されている．

組成

惑星を構成している物質にはいろいろなものがあるが，主成分に注目すると，8つの惑星は大きく3つのグループに分けられる．1つ目は地球など岩石と金属鉄を主成分とする惑星のグループであり，これには地球の他に水星と金星，そ

して火星が含まれる．このグループの惑星のことを岩石惑星と呼ぶ．

2つ目のグループは水素とヘリウムを主成分とするもので，木星と土星が含まれる．これらはガス惑星と呼ばれている．

3つ目のグループは天王星と海王星で，これら惑星では水氷（固体の H_2O）が主成分であると考えられている．これらは氷惑星と呼ばれる．

質量と大きさ

惑星の質量が種々の方法で測定されている．地球質量を1として眺めてみると，最小は水星の 0.055 から最大は木星の 318 まで，6000倍近い幅にわたって分布している．もう少しよく見ると，大きく3つのグループに分けることができる．すなわち，小質量惑星群（水星=0.055，金星=0.082，地球=1，火星=0.11）[2]，中質量惑星群（天王星=14.5，海王星=17.2），そして大質量惑星群（木星=318，土星=95.2）である．

各惑星の大きさは質量と相関している．しかし組成の違いを反映して密度が異なるため，その違いにもよっている．逆に惑星の平均密度や大きさから，内部の組成をおおまかに推定することもできる．

太陽からの距離と 3 つのグループ

各惑星の太陽からの平均的な距離（次節で出てくる軌道長半径）を見てみよう．太陽と地球の距離を1とする[3]と，水星 = 0.39 AU，金星 = 0.72 AU，地球 = 1 AU，火星 = 1.52 AU であり，これらは比較的太陽に近いので近傍惑星群と呼ぶことができるだろう．次に木星と土星は，それぞれ 5.2 AU と 9.6 AU である．これらは中位惑星群である．そして天王星と海王星は 19.2 AU，30.1 AU であり，これらは太陽から遠く離れたところに位置している遠方惑星群である（図 2.2）．

こうして見てみると，先に挙げた「組成」で分類したグループと「質量」で分類したグループ，そして「太陽からの距離」で並べた惑星群の間には，次の

---

[2] これらをさらに2つに分ける見方もある．水星と火星を1つのグループ，地球と金星をもう1つのグループとするものである．この場合は結局，0.1 程度の質量の惑星（水星と火星），1 程度の惑星（地球と金星），10 程度の惑星（天王星と海王星），100 程度の惑星（木星と土星）の4グループとなる．惑星質量は形成過程そのものによって決まるので，質量の異なる惑星達はそれぞれ別の形成過程をたどったと推定できるだろう．

[3] これは AU（天文単位）という長さの単位であり，$1\,AU = 1.5 \times 10^{11}$ m である．

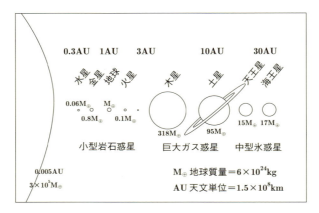

図 2.2　太陽系の姿．惑星は，中心星に近い方から小型岩石惑星（水星，金星，地球，火星），巨大ガス惑星（木星，土星），中型氷惑星（天王星，海王星）の順に円軌道で並んでいる．距離の単位の AU は，太陽と地球の距離で，日本語では天文単位と呼ばれる．質量は地球質量 ($M_\oplus$) を単位にしている．太陽の半径は 0.005AU で，質量は $3\times 10^5 M_\oplus$ である．[NASA による画像を改変]

ような関係があることに気がつく．

	「組成」	「質量」	「距離」
(a)	岩石惑星 ＝	小質量惑星群 ＝	近傍惑星群
(b)	ガス惑星 ＝	大質量惑星群 ＝	中位惑星群
(c)	氷惑星 ＝	中質量惑星群 ＝	遠方惑星群

「組成」，「質量」，「距離」という惑星の属性はそれぞれ無関係であっても構わないと思われるが，太陽系の惑星ではこれら3つはよく対応している．このような関係は，単なる偶然だと考えるよりも，太陽系の形成過程の中で必然的にできたと考える方が自然であろう（4.1 節参照）．

なお，これらの惑星グループは組成を反映させて「岩石惑星」などと呼ばれることもあるし，各グループの代表惑星名を冠したグループ名で呼ばれることもある．その場合のグループ名は，(a)「地球型惑星」，(b)「木星型惑星」，(c)「海王星型惑星」[4] である．

太陽系の材料物質，惑星の材料物質

現在の太陽系内にはさまざまな天体があるが，すべての天体の質量を合わせ

たうちの約 99.87% は太陽の質量である．こうして見ると，太陽系の形成は太陽そのものの形成とも見ることができるし，太陽系を作った材料物質は，現在太陽を作っている物質（水素とヘリウムが質量の約 98%）とほとんど同じと見なしてもよいだろう．

一方，現在の惑星を構成している物質は太陽の組成とは異なる．岩石惑星や氷惑星はもちろんだが，ガス惑星（木星と土星）においても水素とヘリウム以外の成分が太陽での割合以上に存在している．したがって惑星は，太陽を作った材料の中にあった水素・ヘリウム以外の物質を選択的に集めてできたのだと考えられる．惑星形成過程とは第 1 章でも述べたように，水素・ヘリウムを主成分とする太陽組成ガスから，水素・ヘリウム以外の重い元素でできた物質を集める過程であると見ることもできる．

2.2 軌道運動

太陽系では太陽の周りを惑星が回っている．惑星形成過程の話に入る前に，中心星周囲の物体の運動の基礎を説明しておく．

2.2.1 二体問題

中心星周囲の天体の運動を理解するための基礎は，互いに重力を及ぼし合う 2 つの質点の運動の理解である．これは二体問題と呼ばれている．一方の質点を中心星，もう一方を惑星など中心星周りの天体と見なせばよいが，まずは質点の質量を限定せずに一般的に考えておこう．

重心運動と相対運動

原点を O とし，2 つの質点の位置ベクトルをそれぞれ $\boldsymbol{R}_1, \boldsymbol{R}_2$ とする．2 質点の質量を m_1, m_2 とし，これら 2 質点には互いに及ぼし合う重力以外に力は

---

[4] 日本国内では (c) を「天王星型惑星」と呼ぶ場合もあるが，各グループで最大の質量をもつ惑星を代表にするとすれば，「海王星型惑星」の方が適切であろう．なお，惑星半径をグループ代表を選ぶ基準にするという考え方もあり得る．その場合は，天王星の惑星半径が海王星のそれよりも 1.03 倍ほど大きいので，天王星が代表になる．しかし，惑星の物理的性質を特徴付けるより本質的な物理量としては，質量をとる方が妥当であろう．

働かないとする．このとき，各質点の運動方程式は次のようになる．

$$m_1 \frac{d^2 \bm{R}_1}{dt^2} = \frac{Gm_1m_2}{r^2}\frac{\bm{r}}{r}, \tag{2.1}$$

$$m_2 \frac{d^2 \bm{R}_2}{dt^2} = -\frac{Gm_1m_2}{r^2}\frac{\bm{r}}{r}. \tag{2.2}$$

ここで，$\bm{r} = \bm{R}_2 - \bm{R}_1$ は 2 質点間の相対位置ベクトル，r はその大きさ，G は万有引力定数である（図 2.3 参照）．

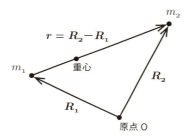

図 **2.3** 2 質点の運動の記述

式 (2.1) と式 (2.2) の両辺をそれぞれ足すと，

$$\frac{d^2}{dt^2}(m_1\bm{R}_1 + m_2\bm{R}_2) = 0 \tag{2.3}$$

が得られる．2 つの質点の重心 C の位置ベクトルは $\bm{R}_C = (m_1\bm{R}_1 + m_2\bm{R}_2)/(m_1 + m_2)$ だから，式 (2.3) より，重心は等速直線運動することがわかる．

式 (2.1), (2.2) の両辺をそれぞれ m_1, m_2 で割ってから引き算して整理すると，

$$\frac{m_1m_2}{m_1+m_2}\frac{d^2\bm{r}}{dt^2} = -\frac{Gm_1m_2}{r^2}\frac{\bm{r}}{r} \tag{2.4}$$

が得られる．この式はあたかも，位置 $\bm{r}$ にある質量 $\mu = m_1m_2/(m_1+m_2)$ をもった 1 つの質点が，$-Gm_1m_2\bm{r}/r^3$ という力を受けて運動する様子を記述する運動方程式であるかのように見える．この式を，相対運動の運動方程式と呼ぶ．二体問題は結局，見かけ上 1 個の質点に対する運動方程式のように見える相対運動の運動方程式 (2.4) を解くことに帰着される．

重力ポテンシャル，力学的エネルギー

重力ポテンシャル ϕ を $\phi = -G(m_1 + m_2)/r$ と定義する．すると相対運動を表す運動方程式 (2.4) は，

$$\mu \frac{d^2 \boldsymbol{r}}{dt^2} = -\mu \nabla \phi \tag{2.5}$$

となる．次に，式 (2.5) の両辺に $\boldsymbol{v} = d\boldsymbol{r}/dt$ をかけて内積をとる．左辺は，$d(\boldsymbol{v}\cdot\boldsymbol{v})/dt = 2\boldsymbol{v}\cdot d\boldsymbol{v}/dt$ より $\frac{1}{2} d(\mu v^2)/dt$ となる．一方右辺に対しては，ϕ が $\boldsymbol{r}$ だけの関数で t には陽に依存しないとすると，$\phi(\boldsymbol{r})$ の時間微分は $d\phi(\boldsymbol{r})/dt = \nabla\phi\cdot d\boldsymbol{r}/dt$ となることを用いる．すると，

$$\frac{d}{dt}\left(\frac{1}{2}\mu v^2 + \mu \phi\right) = 0 \tag{2.6}$$

が得られる．これより，$E = \frac{1}{2}\mu v^2 + \mu\phi$ は時間変化せず一定値を保つことがわかる．この E は力学的エネルギーである．式 (2.6) は力学的エネルギーが保存されることを表している．

運動エネルギー $\frac{1}{2}\mu v^2$ は負にならないので，力学的エネルギー E の正負に応じ，2 質点の運動範囲に違いが生じる．力学的エネルギー E が負の場合，2 質点がある距離だけ離れたところで運動エネルギーが 0 となり，それ以上離れることができない．すなわち，2 質点の運動範囲は有限の領域内に限定される．力学的エネルギー E が負の系は，束縛系と呼ばれる．一方 $E > 0$ の場合，2 質点が無限大の距離離れても運動エネルギーは正の値をもち，各質点は運動し続ける．すなわち，2 質点が無限遠離れることは起こり得る．中心星周囲での惑星形成を考える場合は，主に束縛系を扱う．

角運動量

重心は等速直線運動するので，重心を原点とし，回転していない座標系も慣性系である．ここではそうした座標系を用い，重心に対する角運動量を考える（図 2.4）．

2 質点の角運動量はそれぞれ，$\boldsymbol{L}_1 = m_1 \boldsymbol{R}_1 \times d\boldsymbol{R}_1/dt$ および $\boldsymbol{L}_2 = m_2 \boldsymbol{R}_2 \times d\boldsymbol{R}_2/dt$ である．すると全系の角運動量は $\boldsymbol{L} = \boldsymbol{L}_1 + \boldsymbol{L}_2 = \mu \boldsymbol{r} \times \boldsymbol{v}$ となる．ただし，$\boldsymbol{v} = d\boldsymbol{r}/dt$ である．全系の角運動量の時間微分をとると，

$$\frac{d\boldsymbol{L}}{dt} = \boldsymbol{0} \tag{2.7}$$

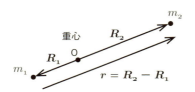

図 2.4 重心を原点とした 2 質点の運動の記述

となる．この計算では，式 (2.1) と (2.2)，および式 (2.3) を用いた．式 (2.7) は，全系の角運動量が保存することを示している．ベクトル量である L は，その向きも大きさも時間変化しないというわけである．

角運動量ベクトルの向きは何を意味しているだろうか．ベクトルの内積 $R_1 \cdot L$ を計算してみると，0 になることがわかる．このことは，質点 1 の存在範囲は重心 O を通りベクトル L に垂直な平面内に限られることを意味している．質点 2 についても同様である．2 つの質点の存在範囲が含まれるこの平面を軌道面と呼ぶ．角運動量ベクトルは，軌道面に対する法線ベクトルという意味をもっている．角運動量ベクトルが時間変化しないということは，軌道面が時間変化しないということである．二体問題では，2 質点の運動は固定された 1 つの平面内に限られる．

角運動量ベクトル L の大きさは，r と v の間のなす角を ψ として $|L| = \mu |r||v| \sin \psi$ となるが，これは質量に面積速度の 2 倍をかけたものである．角運動量ベクトルの大きさが時間変化しないということは，面積速度一定の法則すなわちケプラーの第 2 法則に対応している（図 2.5）．

楕円運動

力学的エネルギーが負 $(E < 0)$ の場合，運動方程式 (2.4) の解は一般に楕円運動になる（これは，ケプラーの第 1 法則に対応する）．角運動量 $L \neq 0$ として，次のようなベクトルを定義しよう．

$$e = \frac{v \times L}{Gm_1 m_2} - \frac{r}{r} \tag{2.8}$$

このベクトルの時間微分をとると，$de/dt = 0$ となることがわかる．また，e と r の内積をとると，

$$e \cdot r = \frac{L^2}{G\mu m_1 m_2} - r \tag{2.9}$$

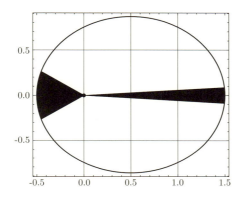

図 2.5 ケプラーの第 2 法則は,面積速度一定の法則とも呼ばれる.惑星が軌道上を動く速さは中心星からの距離によって変わる.近点付近(図の左側)では速く動き,遠点付近(図の右側)では動きが遅い.しかし,一定時間に動径が掃く面積(図中で塗りつぶした部分)は等しい.

となるが,さらに e と r のなす角を θ として整理すると,

$$r = \frac{a(1-e^2)}{1+e\cos\theta} \tag{2.10}$$

が得られる.ベクトル e の大きさ e は「**軌道離心率**」または簡単に「**離心率**」と呼ばれる量であり,$0 \leq e < 1$ の範囲の値をとる.また,$a = L^2/\{G\mu m_1 m_2(1-e^2)\}$ であり,これは「**軌道長半径**」と呼ばれる長さの次元をもつ量である.式 (2.10) は,近点からの角度 θ と距離 r で楕円を表す式である.近点のとき ($\theta = 0$) 距離は最小値 $r_{\min} = a(1-e)$ となり,遠点のとき ($\theta = \pi$) 距離は最大値 $r_{\max} = a(1+e)$ となる.楕円の長径は $r_{\min} + r_{\max} = 2a$ となるので,a は長径の半分である.このため a は軌道長半径と呼ばれる.また,楕円の中心と焦点の距離は ae なので,偏心の程度は $ea/a = e$ で表される.したがって e は,軌道離心率と呼ばれるのである.

惑星系や惑星形成における楕円運動の意味をみるために,中心星の周りを回る 2 つの小天体がある場合を考えてみよう.それらの軌道長半径が互いに異なり,その一方でそれらの離心率が 0 であるとすると,それら 2 天体の軌道が交差することはないので,衝突することは難しい.小天体同士が衝突するためには,軌道長半径が近くなるとか,ある程度の大きさの離心率をもつことによって衝突し得るまで 2 天体が近づくことなどが必要である.現代の太陽系におい

て，地球にぶつかる天体の有無に関心が高まっているが，少なくとも惑星クラスの大きな天体で地球にぶつかる可能性があるものはない．それに対し惑星形成期においては，小天体同士の衝突は頻繁に起こっていた．小天体同士の衝突がなければ惑星形成は進行しないのである．そうした小天体同士の衝突する状況が起こっていた様子は，後の章で詳しく見ていく．

離心率 e が十分小さい ($e \ll 1$) とき，軌道は円に近くなる．式 (2.10) は，

$$r \simeq a - ae\cos\theta \tag{2.11}$$

と近似できるが，これは，離心率の小さい楕円運動は，中心からの距離が一定の円運動の上に半径 ae の小さな円運動が重なっていると見なすことができることを示している．

角運動量の大きさ L は a の定義から

$$L = \mu\sqrt{G(m_1 + m_2)a(1-e^2)} \tag{2.12}$$

と表される．すなわち，a が大きい軌道の天体ほど大きな L をもつこと，軌道長半径 a が同じでも e が大きい軌道ほど小さな L となること，などがわかる．一方，力学的エネルギー E は 1 つの軌道上では保存し，どこでも同じ値をとるので，代表点として近点でその値を見積もってみよう．近点では $L = \mu \boldsymbol{r} \times \boldsymbol{v} = \mu r v$，$r = a(1-e)$ であることに注意すると，

$$\begin{aligned} E &= \frac{\mu}{2}v^2 - \frac{Gm_1m_2}{r} = \frac{L^2}{2\mu r^2} - \frac{Gm_1m_2}{r} = \frac{Gm_1m_2(1-e^2)}{2a(1-e)^2} - \frac{Gm_1m_2}{a(1-e)} \\ &= -\frac{Gm_1m_2}{2a} \end{aligned}$$

となる．したがって，楕円運動の場合でも E は軌道長半径 a にのみ依存し，離心率 e にはよらないことがわかる．E の絶対値は，a が小さいほど大きな値をもつ．これは，中心星に近づくほど天体が中心星から強く束縛されることを表している．

なお，角運動量 $\boldsymbol{L} = \boldsymbol{0}$ かつ $E < 0$ である場合，2 つの質点は直線上を運動しいずれ衝突する．したがって，ある物体が惑星系内に長時間存在し続けるためには，物体は中心星に対して 0 でない角運動量をもち，中心星の周りを回る運動をすることが必要であることがわかる．逆の見方をすると，中心星が誕生す

るとき，有限の角運動量をもつ物質は中心星に落ちることなく中心星の周囲にとどまり，惑星を形成する材料になる可能性があるということである．

2.2.2 惑星形成領域で

惑星の形成は，中心星の周囲で進行する．中心星に対して角運動量をもつ物質がどのように運動し，どうやって惑星にいたるかが，惑星形成過程研究の重大な関心事である．前の節で見た二体問題では一般に運動は楕円運動となったが，惑星形成の諸段階では，いろいろな理由（3.8 節で述べる円盤ガスとの相互作用など）で円運動となる場合やほぼ円運動と近似できる場合が多い．そこで本節では円運動に話を絞り，その性質を簡単にまとめておく．

軌道長半径が一定の場合

中心星の質量が系内で圧倒的に大きく，その周囲を小質量の物体が円運動しているとする ($e=0$)．このときは，$\bm{r} \simeq \bm{R}_2, a \simeq R_2, \mu \simeq m_2$ などと近似できる．あらためて中心星質量を M_*，小質量物体の質量を m ($M_* \gg m$) として前節の結果を使うと，物体がもつ力学的エネルギー E，重力ポテンシャルエネルギー Ψ[5]，角運動量 L，回転方向の速度 V_K，および回転角速度 Ω_K は，次のように書ける．

$$E = -\frac{GM_*m}{2a}, \tag{2.13}$$

$$\Psi = -\frac{GM_*m}{a}, \tag{2.14}$$

$$L = m\sqrt{GM_*a}, \tag{2.15}$$

$$V_\mathrm{K} = \frac{L}{ma} = \sqrt{\frac{GM_*}{a}}, \tag{2.16}$$

$$\Omega_\mathrm{K} = \frac{L}{ma^2} = \sqrt{\frac{GM_*}{a^3}}. \tag{2.17}$$

式 (2.17) に基づけば，この物体の公転周期 T_K は，

$$T_\mathrm{K} = \frac{2\pi}{\Omega_\mathrm{K}} = 2\pi\sqrt{\frac{a^3}{GM_*}} \tag{2.18}$$

である．これは，1.1 節にでてきたケプラーの第 3 法則（図 2.6）に対応している．

---

[5] これは 2 質点系の重力ポテンシャルエネルギーを表しており，前節の ϕ とは $\Psi = \mu\phi$ の関係がある．

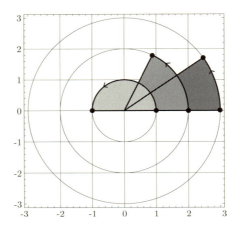

図 2.6 ケプラーの第 3 法則は，公転周期 T_K の 2 乗が軌道長半径 a の 3 乗に比例することを述べている（$T_K^2 \propto a^3$）．公転周期は角速度の逆数に比例する（$T_K \propto 1/\Omega$）ので，結局，角速度 Ω は軌道長半径 a の-3/2 乗に比例する（式 (2.17) 参照）．この図では 3 つの円軌道の回転角速度を図示している．軌道長半径の比は 1:2:3 で，角速度（単位時間あたりに回る角度）の比は $1:\frac{1}{\sqrt{8}}:\frac{1}{\sqrt{27}}$ となる．

軌道長半径が変化する場合

　惑星形成領域においては，中心星周囲に多数のものが存在する．それらは，注目している物体にさまざまな形で力を及ぼす．たとえば，他の小天体からの重力や原始惑星系円盤のガスによるガス抵抗力などである．こうした力によって，物体のもつ力学的エネルギーや角運動量が変化することがある．

　中心星の周りを回るある物体が，円軌道を保ったままその軌道長半径を変化させる場合を考えよう．このようなことは実際に起こりえるが，具体例は後の章（3.8.1 項）にゆずる．まず，上記のような理由で物体の角運動量が変化するとしよう．すると式 (2.15) からわかるように，軌道長半径 a も変化する．角運動量 L が増えると軌道長半径 a は増大して中心星から遠ざかり，L が減ると a は減少して中心星に近づくのである．

　時刻 t_1 に角運動量 L_{t1} をもっていた物体の角運動量が時刻 t_2 に L_{t2} に減少した（ここでは $L_{t1} > L_{t2}$ としておく）とすると，それぞれの時刻における軌道長半径は，$a_{t1} = L_{t1}^2/GM_*m^2$, $a_{t2} = L_{t2}^2/GM_*m^2$ である（$a_{t1} > a_{t2}$）．この間（$t_1 \to t_2$）のこの物体の運動エネルギーと重力ポテンシャルの変化を見てみよう．重力ポテンシャルエネルギーの変化 $\Delta\Psi$ は，$\Delta\Psi = -GM_*m/a_{t2} + GM_*m/a_{t1}$ である．軌

道長半径が減少しているので，$\Delta\Psi < 0$ である．物体が重力ポテンシャルのより深いところに落ち込んだ分，ポテンシャルエネルギーが減少している．一方の運動エネルギーの変化 ΔK は，式 (2.16) を参照すれば $\Delta K = \frac{m}{2}GM_*/a_{t2} - \frac{m}{2}GM_*/a_{t1}$ となることがわかるが，$\Delta K > 0$ である．物体の角運動量が減少すると回転速度 V_K が大きくなり，運動エネルギーが増大するということになっている．これは一見，不思議に思われるかも知れないが，そのからくりは次のようになっている．

まず，式 (2.16) と (2.14) を見ると，運動エネルギー K と重力ポテンシャルエネルギー Ψ の間に $2K = -\Psi$ という関係があることがわかる．運動エネルギーと重力ポテンシャルエネルギーの間に密接な関係があるのである（その結果，力学的エネルギー E は式 (2.13) のように $E = \Psi/2$ となる）[6]．したがって，それぞれの変化分にも $2\Delta K = -\Delta\Psi$ という関係が生じる．一方，力学的エネルギーの変化 ΔE を見てみると，$\Delta E = \Delta K + \Delta\Psi = \Delta\Psi/2 < 0$ である．周囲と相互作用して角運動量が減少した結果，軌道長半径が減少し，力学的エネルギーがより低くなるのだが，その際，ポテンシャルエネルギーの減少分の半分は，運動エネルギーの増加に使われている．そして残りの半分は，周囲のものなどに移り，それらの加熱に寄与する．系からエネルギーを抜くと運動エネルギーが増加するというこうした「負の比熱」の性質は，重力が支配している系に普遍的に見られるものである．

2.3　粒子群同士の衝突

惑星が他の天体と異なる特徴として，運動の力学的な進化を考える際に有限の「大きさ」を考える必要があること，コア・マントルや大気などの内部構造や表層環境を議論することもあるということがある．

まずは，大きさを考えることから出てくる物理的な衝突を考える．そして，光が物体に散乱されるとか吸収されるという現象も電磁波（光子）と物体の間

---

[6] 有限の空間範囲の中で，相互距離 r に対して r^{n+1} に比例するポテンシャルのもとで相互作用をしている多粒子系の平均的な運動エネルギー K と相互作用エネルギー Ψ の間に $K = -(n+1)/2\Psi$ という関係があることが一般的に示せる．これをビリアル定理と呼ぶ．惑星の運動の場合は多体系ではないが，$n = -2$ のビリアル定理と同じ関係が得られる．

の衝突という観点でとらえることができることを紹介する．光と物体との衝突は，惑星大気を考える上でも原始惑星系円盤を考える上でも重要になる．

2.3.1 気体分子同士の衝突

地球大気は，酸素分子 (O_2) や窒素分子 (N_2) などの分子からなる．一つひとつの分子は動き回りつつ，他の分子との衝突を繰り返している．

衝突断面積

ある1つの分子に注目し，それが他の分子と衝突する様子を考えよう．一般に大気を構成する分子は，ビリヤード球のような固体球ではない．しかし，気体分子を固体球と見なして考えてもよい場合も多い．ここでもそのように考えることにする．すなわち，気体分子は半径 a の固体球で，球の中心同士が $2a$ 以上離れているときは何も力が作用しないが，距離が $2a$ になったとき弾性衝突し，反発係数 1 で跳ね返るとする．

ある分子 A を固定して考えてみよう．一方向から他の分子群が流れてくるとき，この分子 A にぶつかるかどうかは，各分子のインパクトパラメータ（衝突径数）が $2a$ より大きいか小さいかで決まる（図 2.7）．流れてくる分子の中心が面積 $\pi(2a)^2$ の円内に入っていれば，分子 A にぶつかるということになる．そこでこの面積 $\pi(2a)^2$ を，衝突断面積と呼ぶ．

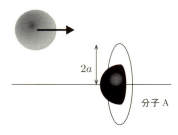

図 **2.7** 衝突断面積

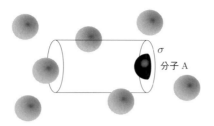

図 **2.8** 平均自由行程の考え方

平均自由行程

見方を少し変えて,注目する分子 A 以外は静止しているとしよう.空間内には分子が数密度 n で存在しているとする.そしてその中を,注目する分子 A が動いているとする.このとき,分子 A は他の分子にぶつからないまま,どこまで直進することができるだろうか.

この問に対しては,次のように考えれば答えが得られる.図 2.8 のように,他の分子が数密度 n で分布している空間内に底面積が σ の円筒を考える(この σ は,分子 A の衝突断面積である).この円筒の中に他の分子の中心が入っているということは,その分子と分子 A がぶつかることを意味している.だから,分子 A が他の分子にぶつからずに進める距離 l とは,他の分子を含まないように円筒を設定できる円筒の高さである.高さ l で底面積が σ の円筒の体積は σl だが,その中に入っている他の分子の個数は数密度 n をかけて,個数 $= n\sigma l$ と表記できる.そしてこの個数がちょうど 1 になる l が,分子 A が他の分子に衝突しないで進める長さに対応する.この長さを平均自由行程という.すなわち,$n\sigma l = 1$ より平均自由行程 l は,

$$l = \frac{1}{n\sigma} \tag{2.19}$$

である.

平均衝突時間

分子 A が一度ある分子と衝突した後,次に他の分子と衝突するまでの時間 τ はどれくらいだろうか.これは,先の平均自由行程と分子 A の速さを考えれば,すぐに答えが得られる.すなわち,分子 A の速さを V とすると平均衝突時間 τ_{col} は,

$$\tau_{\text{col}} = \frac{l}{V} = \frac{1}{n\sigma V} \tag{2.20}$$

である．

　これまでの説明では，注目する分子 A が止まっていたり他の分子がすべて止まっていたりする状況を考えた．実際には，どちらもが動いている状況が多い．その場合でも，衝突断面積の表式は数係数を除いてほぼ同じになることが示される．特に，数値を大まかに見積もってみる程度の議論をするときは，ここでの表式をそのまま使って問題ない．

例 1：地球大気

　実例として，地表付近の大気を考えてみよう．温度が 20 ℃で 1 気圧の大気中では，1 m^3 内に 2.5×10^{25} 個の気体分子が含まれる．分子 1 個の衝突断面積がおよそ $\sigma = 7.5 \times 10^{-20}$ m^2 とすると，平均自由行程は $l = 5.3 \times 10^{-7}$ m $= 0.53$ μm という程度であることがわかる．また，分子の速さが $V = 5.0 \times 10^2$ m s^{-1} とすると，平均衝突時間は $\tau = 1.1 \times 10^{-9}$ s 程度だということがわかる．

例 2：原始惑星系円盤

　原始惑星系円盤の例として，復元円盤（3.2.3 項参照）の場合を見ておこう．復元円盤（「林モデル」）の場合，1 AU の赤道面付近でのガス密度は 1.4×10^{-9} g cm^{-3} であり，ガス分子（水素分子とヘリウム原子からなる）の平均分子質量は 3.9×10^{-24} g なので，数密度 n は $n = 3.6 \times 10^{14}$ cm^{-3} である．水素分子同士の衝突断面積が $\sigma \simeq 1 \times 10^{-15}$ cm^2 とすると，平均自由行程は $l = 2.8$ cm 程度であることがわかる．

注意

　本節の説明では，個々の気体分子は完全弾性体の球で，衝突時以外はなにも力を受けないとしている．さらに，分子群は空間に一様に分布し，各分子の運動方向には特別な方向はないと仮定している．しかし，こうした条件を満たさない粒子群の例も多い．たとえば，微惑星同士の衝突を考えてみよう．微惑星は直径が 10 km 程度以上の天体であり，それなりに強い重力をもっている．ある微惑星に近づいてきた他の微惑星との間に互いの重力による引力が作用し，固体表面同士がぶつかる以前に運動状態（向きや速さ）が変化することがある．

また，微惑星群は円盤状の薄い領域に分布しているし，個々の微惑星は太陽の周りを回るという運動をしている．したがって一般には，どの方向にも同じように分布し，方向に偏りなく動いているという状況ではない．しかし後の章で見るように，微惑星集団の場合でも一様な空間分布と等方的な運動と見なすことができる状況がある．

2.3.2 光と物質の衝突

光や電波は電磁波である．電磁波は物体と相互作用し，散乱されたり吸収されたりする．この現象も衝突として見ることができる．

衝突断面積

たとえば，表面が黒く塗られた石でできた球があるとし，この球が可視光（太陽光）を吸収する場合を考える．この球の半径を $a = 1\,\mathrm{cm}$ とする．この球を晴れた昼間，太陽光が当たるところにおくと，その後ろに半径 a の円形の影ができるのが見えるだろう．そこで，この球が太陽光を吸収する程度を表すのに，射影断面積 $\sigma = \pi a^2$ を用いるのがよさそうだということは，理解できるだろう．このとき，この球の吸収断面積は σ であるという．

しかし一方，携帯電話の電波がこの球に吸収される様子は少し異なる．携帯電話の電波も電磁波の一種だが，その波長 λ は数十 cm の程度であり，今考えている球の半径 $a = 1\,\mathrm{cm}$ よりも長い．このとき，携帯電話の電波は半径 1 cm の物体を回り込み，あまり影響を受けずに通り過ぎる．とは言え，わずかながらも吸収はされる．その程度はどのように表現できるだろうか．

図 2.9 のように，単位面積の正方形を底面とし高さ h の四角柱を考えよう．この四角柱の中に，半径 a の球が単位体積あたり n 個，ランダムに分布しているとする．一方の底面から波長 λ の平面波を入射し，他方の底面でそれを受信するとき，途中の球群によって電波が吸収されるので，受信する電波のエネルギーフラックス F_{rec} は入射エネルギーフラックス F_{inc} よりも小さくなっているだろう．そしてその減少の割合 $(F_{\mathrm{inc}} - F_{\mathrm{rec}})/F_{\mathrm{inc}}$ は，減少量が小さいうち（四角柱の高さ方向に見通したとき 2 つ以上の球が重なって見えない場合）は，

$$1 - \frac{F_{\mathrm{rec}}}{F_{\mathrm{inc}}} = nh\sigma \tag{2.21}$$

と表せると考えられる．すると，n と h はわかっているから，これから球 1 個

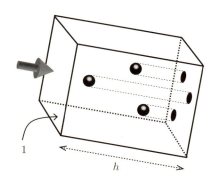

図 **2.9** 光を吸収する断面積

あたりの吸収断面積 σ を求めることができることがわかる.

ここで，先に考えた可視光の場合をもう一度考えてみよう．図 2.9 の四角柱の一方の底面から可視光が入射した場合，他方の底面には半径 a の円の影が nh 個できる．すると式 (2.21) の左辺は $nh\pi a^2$ となるから，$\sigma = \pi a^2$ が得られる．先に考えた場合と同じ断面積になるので，この考え方は自然だといえるだろう．そこでさらに，式 (2.21) を波長 λ と球の半径 a の大小によらず適用しよう．そうすれば，携帯電話の電波に対する吸収が可視光に対する吸収よりも弱いことは，携帯電話の電波に対する吸収断面積 $\sigma(\lambda = 10\ \mathrm{cm})$ が可視光に対する吸収断面積 $\sigma(\lambda = 0.5\ \mu\mathrm{m})$ よりも小さいということ，すなわち，

$$\sigma(\lambda = 10\ \mathrm{cm}) < \sigma(\lambda = 0.5\mu\mathrm{m}) \tag{2.22}$$

によって表現されることになる．これもまた，自然な表現だといえるだろう．一般に物体の吸収断面積は，物体の大きさや組成，形状，電磁波の波長などによって変わる．

これまでは，電磁波が物体によって吸収される場合を考えてきた．その場合，電磁波のエネルギーは物体に吸収され，なくなってしまう（物体の熱になる）．一方，電磁波と物体との相互作用には，散乱という現象もある．この場合は，電磁波は進行方向を変えるが，エネルギーは電磁波として残っている．ある物体が散乱を引き起こす程度も，図 2.9 および式 (2.21) と同様に考えて，散乱断面積として考えることができる．つまり，図 2.9 の四角柱の一方の底面から入射した電磁波が，散乱によって向きを変えて他方の底面に届くことができない

とすれば，式 (2.21) の中の σ が球 1 個あたりの散乱断面積を表していることになる．

一般には，吸収と散乱は同時に起こるが，それぞれの波長依存性は異なっている．断面積の測定は，吸収と散乱を区別できるようにして行う．

光の平均自由行程

粒子に対して考えたのと同じように，光に対しても平均自由行程を考えることができる．この場合も，その表式は式 (2.19) と同じになる．

例：地球大気による太陽光のレイリー散乱

地球大気中の窒素分子や酸素分子によって，太陽光は散乱を受ける（大気分子による吸収もあるが，小さいのでここでは無視する）．この散乱はレイリー散乱と呼ばれる光の弾性散乱である．散乱断面積は分子種ごとに異なるが，空気分子として平均したときは，波長の短い光（青など）に対する散乱断面積は，波長の長い光（赤など）に対するものに比べて 10 倍以上大きい．すなわち，波長の短い光の方がよく散乱される．これが，昼間の空が青い理由である．これはまた，日の出や日没時の太陽が赤い理由でもある．赤い光は青い光よりも散乱されにくいので，大気中のより遠くまで届くのである．具体的な数値を見てみよう．波長 $\lambda = 0.4~\mu$m の青い光に対しては，散乱断面積は $\sigma = 3.4 \times 10^{-31}$ m^2 程度である．地表付近の空気分子の数密度は $n = 2.5 \times 10^{25}$ m^{-3} 程度だから（20℃のとき），式 (2.19) を用いるとこの波長の光の平均自由行程 l は $l = 1.2 \times 10^2$ km となる．この長さは，大気層の主要部の厚さ（2.5×10^{25} m^{-3} 程度の密度をもつ層の厚さ）よりも十分長い[7]．つまりこれは，青い光はそこそこ散乱を受けながらも，大気層を透過することができることを意味している．赤い光に対しては散乱断面積がさらに小さいので，より透過しやすい．

光学的厚さ

一様な媒質中の 2 点間の幾何学的距離 x を，光の平均自由行程 l で割った量

$$\tau = \frac{x}{l} \tag{2.23}$$

---

[7] 大気層の厚さを，次節で紹介される地球大気のスケールハイトと見なせば，この関係が成り立つことがわかる．

を考えてみよう．平均自由行程 l は，1 回の衝突から次の衝突までに移動する平均的な距離を表しているから，τ は空間の距離 x を進む間に光が媒質中の物体と衝突する回数の目安と見ることができるだろう．この τ を，光学的距離あるいは光学的厚さと呼ぶ[8]．

光学的厚さ τ が 1 よりも小さいということは，この 2 点間を進む間に光が散乱ないし吸収されることはほとんどないということを示している．このような状態の媒質は，透明であると言えよう．先のレイリー散乱の例で見ると，青い光 ($\lambda = 0.4\mu$m) に対する大気の鉛直方向の光学的厚さは $\tau = 0.36$ であり，大半の青い光が地上に直接届くことがわかる．ただし，そこそこの量の青い光が散乱されることも見て取れるので，その散乱光が青空を作ることも理解できるだろう．一方で，τ が 1 よりも大きいときは，その媒質は不透明ということである．曇りの日に太陽が見えないのは，雲を含む大気の（大気上端から地表までの）光学的厚さが 1 よりもずっと大きくなっているからである．

2.4　静水圧平衡

太陽をはじめとする恒星や惑星など質量の大きな天体は，強い重力をもつ．そして，この重力が自分自身に及ぼす力も強い．重力は引力のみの力だから重力だけでは一方的に縮んでしまい，やがて極小になってしまうことになる．しかし実際には，太陽も地球も，一定の大きさをもっている．これは，天体を縮めようとする重力に対抗する外向きの力が作用していて，重力と釣り合ってからである．外向きの力とは圧力勾配の力であるが，圧力と重力の釣り合いを静水圧平衡と呼ぶ．

2.4.1　天体が作り出す重力

本書では簡単のために，天体の内部構造は球対称であるとしよう．つまり，天体内部の密度 ρ や温度 T などの物理量がすべて，中心からの距離 r だけの関数で $\rho(r)$ や $T(r)$ のように表されるとする．すると，万有引力を表す式と質量に対してガウスの法則を適用することにより，半径 r の位置における重力加速度

---

[8] 密度が場所により変化する場合は，2 点 x_1, x_2 間の光学的厚さを次のように積分で定義する：$\tau = \int_{x_1}^{x_2} n\sigma dx$．

ベクトルの r 方向成分 g_r は，

$$g_r = -\frac{GM(r)}{r^2} \tag{2.24}$$

と表されることがわかる．ただし，$M(r)$ は半径 r よりも内側に存在する質量の総和で，

$$M(r) = \int_0^r \rho(r')4\pi r'^2 dr' \tag{2.25}$$

である．また，重力加速度ベクトルの他の方向の成分は 0 である．式 (2.24)，(2.25) は，天体の物理半径とは無関係に，任意の r に対して適用することができる．ただし，r が天体の物理半径よりも大きい場合は，$M(r)$ は一定値（＝天体の質量）になる．

2.4.2 重力と圧力の釣り合い

天体内部が動かず完全に止まっているとする．このときの天体内部における力の釣り合いを考えよう．

地球大気の場合

しかしその前に，より簡単な場合を見ておこう．地球大気のように圧力や密度などの物理量が水平方向に一様に分布していると見なせる場合を考える．地球大気にも重力が作用しているにもかかわらず，大気がぺしゃんこにつぶれてしまわないのは，以下で見るように天体が有限の大きさを保っていることと同じ理屈による．

まず，鉛直方向を z 軸とし上方を正とする．重力加速度の大きさを g とし，定数であるとしておこう．大気中の圧力と密度は z のみに依存しているとして，それぞれ，$P(z)$，$\rho(z)$ と書く．図 2.10 のように，大気中の高さ z の位置に広がる微小領域を考える．この領域は，鉛直方向の高さが Δz で，底面の面積が A の直方体をしている．この微小領域に作用する鉛直方向の力は，重力と圧力の 2 つである．重力は微小領域内の総質量に比例し，下向きなので，$-A\Delta z \rho(r)g$ と書ける．圧力は，下の面と上の面の 2 つに作用するが，それぞれ，$AP(z-\Delta z/2)$ と $-AP(z+\Delta z/2)$ と書ける．これら 3 つの力が釣り合っているときは，次式が成り立つ．

$$-A\cdot \Delta z\, \rho(z)g + A\cdot P(z-\Delta z/2) - A\cdot P(z+\Delta z/2) = 0 \tag{2.26}$$

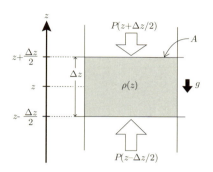

図 2.10 ガス圧力と重力が釣り合って静水圧平衡が成り立つ

ここで，Δz が微小だとして z を中心に $P(z+\Delta z/2)$ をテイラー展開すると

$$P\left(z+\frac{\Delta z}{2}\right) = P(z) + \frac{dP}{dz}\frac{\Delta z}{2} + \frac{1}{2}\frac{d^2P}{dz^2}\left(\frac{\Delta z}{2}\right)^2 + \cdots \quad (2.27)$$

となるが，Δz の2次以上は無視しよう．$P(z-\Delta z/2)$ も同様に展開して式 (2.26) を整理すると，

$$\frac{dP(z)}{dz} = -\rho(z)g \quad (2.28)$$

が得られる．微小領域の大きさ（A および Δz）によらない表現になった．この式は，重力と圧力（の勾配力）が釣り合っていることを示す式である．このように重力と圧力勾配が釣り合っている状態のことを，静水圧平衡と呼ぶ．

式 (2.28) を解いて，静水圧平衡にある地球大気内の圧力分布を求めてみよう．圧力 $P(z)$ を，z の関数として求めればよいのである．しかし，式 (2.28) にはもう1つの未知関数 $\rho(z)$ があり，このままでは未知関数の数に対して方程式の数が足りず，解くことができない．そこで，P と ρ の間の関係をつなげるものとして状態方程式を利用する．地球大気の場合，理想気体と見なすことができるとすればその状態方程式は，

$$P(z) = \rho(z)\frac{k_B T(z)}{m} \quad (2.29)$$

である．ただし，k_B はボルツマン定数，$T(z)$ は温度，m は大気分子1個の平均質量である．しかし式 (2.29) を導入しただけでは式の数は2つに増えたが，未知関数として $T(z)$ も加わったので，式の数は相変わらず足りない．本当に現

実的な問題を考えようとする場合は，次には温度を決めるためにエネルギーの式を持ち出して考えていくことになる．しかしここでは簡単のために，温度は z によらず一定であるという近似を用いることにしよう．そうすると T は未知関数ではなくなるので，式の数と未知関数の数が一致し，解を求めることができるようになる．

状態方程式 (2.29) を使って静水圧平衡の式 (2.26) の密度 ρ を消去すると，圧力 P に対する次の微分方程式が得られる．

$$\frac{dP}{dz} = -\frac{mg}{k_\mathrm{B}T} P \tag{2.30}$$

これは，P に対する1階の常微分方程式であり，境界条件（積分定数）を1つ決めれば解が定まる．地表面を $z=0$ としてそこでの圧力を P_0 としよう．すると，微分方程式 (2.30) の解は，

$$P(z) = P_0 \exp\left(-\frac{z}{h}\right) \tag{2.31}$$

となる．ただし，h は $h = k_\mathrm{B}T/mg$ であり，長さの次元をもつ量でスケールハイトと呼ばれる．式 (2.31) は，大気の圧力は z とともに指数関数的に減少していくことを示している．減少の割合は h で表現され，高度が h 上がるたびに e 分の1倍になっている．この式を見てわかることは，大気は重力を受けてはいるが決してぺしゃんこになることはなく，ある程度広がって存在するということである．その広がりの程度は，h で表されている．このように，大気が広がっているのは圧力が存在しているからだと理解できるのである．

地球大気のスケールハイトの，具体的数値を見ておこう．大気温度を $T = 15\,°\mathrm{C} = 288\,\mathrm{K}$ とすると，

$$h = \frac{k_\mathrm{B}T}{mg} = 8.4 \left(\frac{T}{288\,\mathrm{K}}\right)\,\mathrm{km} \tag{2.32}$$

となる．これを，大気層の厚さの目安と見ることができる．

静水圧平衡：天体内部の場合

上記と同様に考えると，球対称な天体の内部では次のような静水圧平衡の式が成り立つ：

$$\frac{dP(r)}{dr} = -\rho(r)\, g_r \tag{2.33}$$

ここで，g_r は式 (2.24) で与えられる r の関数である．実際の天体内部の様子を求めるには，静水圧平衡の式 (2.33) だけでは足りない．前節と同様に，状態方程式やエネルギーの式など他の式も用いる必要がある．

太陽の内部を考える場合，内部を構成しているガス（実際には水素やヘリウムが電離しているプラズマガス）はほぼ理想気体と見なすことができるので，状態方程式は簡単である．一方，地球の内部は理想気体と見なすことはできない．木星の内部も同様である．こうした天体の内部では，圧力と密度，温度はその他の物理量も関係した複雑な関係にある．物質の組成や状態も場所ごと（深さごと）に異なり，そのたびに異なる状態方程式が必要になる．すべての物質や状態に対して，状態方程式がわかっているわけでもない．したがって，地球や木星の内部構造を調べることは，実は太陽の内部構造を調べるよりも難しい側面がある．

静水圧平衡：原始惑星系円盤の場合

後の 3.2.1 項で詳しく述べるように，原始惑星系円盤の鉛直方向（z 方向）の構造は，その方向の重力と圧力の釣り合いによって決まる．原始惑星系円盤は，鉛直方向には静水圧平衡にある．それに対して原始惑星系円盤の動径方向においては，重力に釣り合うのはガス圧ではなく遠心力であって，ガス圧力は構造を決める主要な力ではない．

2.5 潮汐力

惑星系の形成を議論するときには，他の天体を議論する場合と同様に重力が重要な位置を占めるが，惑星系に特徴的なのは，強力な中心星の重力場の中で惑星同士が重力相互作用をするということである．中心惑星のまわりでの衛星も同じ系になる．ポイントは，小さな天体同士でも十分に近づけば，中心天体から受ける重力よりも強くなることが可能だということである．さらに，それらの小さな天体は中心天体のまわりを周回していて遠心力が働いていれば，中心天体からの重力はかなりの部分が打ち消されてしまうので，ますます小天体同士の重力が効くようになる．

このような状況の中で，惑星が質点ではなく，有限の大きさをもっていると

いうことで起こる「潮汐」という現象は，惑星系の中でさまざまな形で現れ，重要な物理プロセスである．

系統的な惑星形成プロセスに入る前における，惑星系に特徴的な物理の説明のしめくくりとして，ここでは「潮汐」を説明しておくことにする．

惑星の重力圏の大きさ（ヒル半径）やダスト層の分裂による微惑星の形成などは，すべて潮汐の原理に基づく．土星のリングと衛星が存在する領域の境の軌道半径（ロシュ限界）も，潮汐を角度を変えて見たものなのだが，これは衛星形成に本質的な役割を果たす．もちろん，潮汐の名前のもとになった地球の海面の変動，月が常に地球に表面だけを見せていること（自転公転同期）や，月が地球から年間4 cmずつ遠ざかっていることなども潮汐が原因である．他にも木星の衛星イオの火山やエウロパの内部海の原因になったりもしている．

系外惑星では中心星に非常に近い軌道のものが数多く発見されている．その軌道進化や惑星内部進化，気候にも潮汐が大きく影響している．

これらの多彩な現象は「潮汐」というたった1つの物理過程で，すべて理解できるのである．

2.5.1 ロシュ限界

まずはロシュ限界 (Roche limit) を例にとって，潮汐を説明してみよう．

中心の周りに小天体が回っているとする（たとえば，惑星の周りに衛星がまわっている状況を思い浮かべて欲しい）．下記に示すように，潮汐力は天体間の距離の3乗に反比例するので，小天体が十分に中心天体に近づくと，潮汐力によって破壊されてしまう．その限界の距離を「ロシュ限界」と呼んでいる．ここでは，おおざっぱにロシュ限界の半径 (a_R) を求めてみよう．

潮汐変形

質量 M，物理半径 R の球体の小天体が，質量 M_c，半径 R_c の（同じく球体の）中心天体のまわりを軌道半径 a の円軌道を描いて回っているとしよう．小天体の物質強度は無視して重力だけで束縛されていると考える（この近似は，形が球体になるキロメートル以上の天体に対しては良い近似になっている）．

円軌道を描いているので，小天体の重心においては中心天体からの重力 $G(M_c + M)/a^2 \simeq GM_c/a^2$ と遠心力 $a\Omega^2$ が釣りあう．したがって，軌道の角速度は $\Omega = \Omega_K = \sqrt{GM_c/a^3}$ となる．ところが，小天体は有限な大きさを

もっているので，たとえば，小天体の中で重心よりも中心天体から離れた場所では，中心星重力が弱くなるのに対して，遠心力が強くなるので，力が釣り合わず，外にひっぱる力が残る．その力を「潮汐力」と呼ぶ．小天体の中で中心星から一番離れた距離が $a+R$ の部分では，遠心力は $(a+R) \times GM_c/a^3$ で重力は $GM_c/(a+R)^2$ なので，潮汐力は，$R \ll a$ の近似のもとで，

$$F_{\text{tide}}(a+R) = \frac{GM_c(a+R)}{a^3} - \frac{GM_c}{(a+R)^2} \simeq \frac{3GM_cR}{a^3} \quad (2.34)$$

となる（図 2.11）．逆に中心星に近い部分では中心星側にひっぱる，同じ大きさの力が生じる．

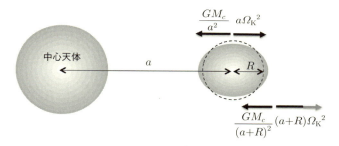

図 2.11　潮汐力の模式図

この潮汐力に対抗するのが小天体の自己重力 GM/R^2 である．$F_{\text{tide}}(a+R) < GM/R^2$ の場合は，自己重力に余力があるので，小天体は破壊されない．小天体は中心星方向に引き延ばされてラグビーボール状になるものの，小天体内部の圧力勾配も生じて，釣り合いの平衡形状を保つ．

この変形によって，小天体は自由に自転できなくなり，常に同じ面を中心天体に向けるようになる．これを「自転公転同期」と呼ぶ．月が常に地球に同じ面を見せているのは，地球の潮汐力による月の変形のせいである（ただし，過去に月が地球のそばにいて，もっと潮汐力が強かった頃に同期が始まったと考えられている）．

中心天体でも，弱いながらも，小天体の影響で変形が起きる．同様の計算から，中心天体が受ける潮汐力は $3GMR_c/a^3$ であることがわかる．地球-月系の場合は，これが地球の海面の上下変動（いわゆる潮の満ち引き）を生じさせる．地球の海面は大潮，小潮というように，単調な振動にはならないが，これは太

陽の影響も受けるからである．潮汐力は，及ぼしてくる相手の質量をM_0，距離をa_0とすると，M_0/a_0^3に比例する．相手天体の内部密度をρ_0，物理半径をR_0とすると，潮汐力は$\rho_0(R_0/a_0)^3$に比例することがわかる．ここで，R_0/a_0は相手天体の見かけの大きさ（視半径）に対応する．皆既日食や金環日食が起こることからわかるように，太陽と月の地球からの視半径はほぼ等しく，太陽の平均密度は 1.4 g cm^{-3}，月は 3.4 g cm^{-3} なので，太陽は月よりもずっと遠いにもかかわらず，太陽の潮汐力は月の40%程度もあり，無視できないことがわかる．つまり，月による潮の満ち引きと太陽による潮の満ち引きが組み合わさるので，地球の潮の満ち引きは単調な振動ではなく，大潮，小潮などが起こることになる．

潮汐による月の軌道進化

ちなみに，月よりも地球のほうがはるかに重いので，月による潮汐力で地球の自転公転同期はなかなか起きない．地球が月の潮汐力によって変形するには一定の時間がかかり，月の公転よりも地球の自転の方が速いので，地球が延びる方向は月の公転方向に対して先行してしまう．そのことによって，月の公転運動は地球から常に加速されるので，角運動量を受けてどんどん遠ざかることになる．一方，角運動量を渡した地球の自転はどんどん遅くなる．いずれ，地球の自転角速度は月の自転角速度に追いついて，地球の自転も月の公転と同期してしまい，それ以上の月の影響による変化はなくなる（その後は，もっと長い時間がかかる太陽の潮汐力の影響を受けるが，その頃には太陽の寿命が終わってしまう）．

ロシュ限界半径

話を戻すと，小天体が受ける潮汐力は，中心天体からの距離が小さくなると，大きくなる．したがって，ある距離より小さくなると，$F_{\rm tide}(a+R) > GM/R^2$ となり，もはや自己重力では対抗できずに引きちぎられてしまう．$F_{\rm tide}(a+R) = 3GM_{\rm c}R/a^3$ だったので，破壊条件は

$$1 < 3\left(\frac{M_{\rm c}}{M}\right)\left(\frac{R}{a}\right)^3 \qquad (2.35)$$

となる．ρ, $\rho_{\rm c}$ をそれぞれ小天体と中心天体の平均密度とすると（$M =$

$(4\pi/3)\rho R^3$, $M_{\rm c} = (4\pi/3)\rho_{\rm c} R_{\rm c}^3$, 上式は

$$a < a_{\rm R} \simeq \left(\frac{3\rho_{\rm c}}{\rho}\right)^{1/3} R_{\rm c} \tag{2.36}$$

のように書き直すことができる．$a_{\rm R}$ をロシュ限界半径と呼ぶ．小天体の変形を厳密に解くと，[9] 係数が少し変わって

$$a_{\rm R} = 2.46 \left(\frac{\rho_{\rm c}}{\rho}\right)^{1/3} R_{\rm c}. \tag{2.37}$$

となる．ロシュ限界半径内では，小天体は潮汐力によって，破壊されてしまうのである．

太陽系では，惑星，衛星，中心星の平均密度は $1\ {\rm g\ cm^{-3}}$ から $5\ {\rm g\ cm^{-3}}$ の範囲にだいたい入っていることを考えると，$a_{\rm R}$ は小天体の質量 M や物理半径 R にあまり依存せずに，つねに中心天体の物理半径 $R_{\rm c}$ の数倍だということがわかる．土星の場合，$\rho_{\rm c} = 0.7\ {\rm g\ cm^{-3}}$ で，氷衛星は $\rho_{\rm c} \sim 1\ {\rm g\ cm^{-3}}$ なので，$a_{\rm R} \sim 2.2 R_{\rm c}$ となり，これはリングの明るい部分で一番外側の A リングの外側境界に対応する．つまり，衛星はリングの中に入ると，破壊されてしまうので，衛星はリングの中には基本的に存在できないのである．一方で，リング粒子は頻繁に衝突を繰り返しているのだが，ロシュ限界内にいるので，重力でくっついて衛星に成長していくことができないのである（小さな粒子ならば物質強度で壊されないが，キロメートルを越えるような，自己重力でしか固まれない天体にはなれない）．土星では，この理由により，リングと衛星の存在範囲がロシュ限界を境にしてくっきりわかれているのである．

ロシュ密度，ヒル半径

条件式 (2.35) は，

$$\rho < \rho_{\rm R} \simeq \frac{9}{4\pi}\left(\frac{M_{\rm c}}{a^3}\right), \tag{2.38}$$

または，

$$R > r_{\rm H} = \left(\frac{M}{3M_{\rm c}}\right)^{1/3} a, \tag{2.39}$$

---

[9] 教科書の Chandrasekhar, S. Ellipsoidal figures of equilibrium, Yale University Press (1967)

のように書き換えることができる．ρ_R はロシュ密度と呼ばれていて，中心天体の質量を中心天体までの距離を半径とする球内にばらまいた密度より小天体の密度が低くなると，小天体は（重力で束縛されている限り，自分の大きさにかかわらずに）破壊されるということを示してしている．逆の言い方をすると，たとえば，原始惑星系円盤の中でダスト成分が赤道面に沈殿してダスト層の密度が ρ_R を越えると，自己重力が潮汐で引きちぎる力に勝り，ダスト層には自己重力と釣り合う圧力がないので，ダスト層の塊が自己重力にで固まって，微惑星が形成されるということを示す（3.5.2 項を参照のこと）．

r_H はヒル半径 (Hill radius) と呼ばれ，中心天体が恒星，小天体が惑星の場合は，惑星の重力圏の大きさを表す．これは，惑星間の重力散乱の強さを測る基準になったり，惑星がどこまで成長できるのかを決める重要な物理量になっている（3.6.4 項参照）．

2.5.2 円盤の自己重力不安定

ロシュ密度の話をもうちょっと掘り下げて，円盤の自己重力不安定の話をしておこう．天体では重力が重要な働きをするので，角運動量を保存したまま収縮したり，中心天体に落ち込んだりする際に円盤状の形状をとることが多い（原始惑星系円盤，惑星リング，ブラックホールまわりの降着円盤，渦巻き銀河など）．密度がロシュ密度を越えると塊になってしまうので，その円盤は無制限に薄くはなれない．

トゥーモレの Q 値

円盤の空間密度 ρ は

$$\rho \sim \frac{\Sigma}{c_s/\Omega_K}, \tag{2.40}$$

のように書くことができる（式 (3.27)）．ここで，Σ は円盤の面密度（円盤の鉛直方向に積分した密度），c_s は円盤ガスの音速で，$h \sim c_s/\Omega_K$ は円盤の厚みの半分を表す（式 (3.26)）．

この密度を式 (2.38) の ρ に代入し，自己重力が勝る条件にするために，不等号の向きを反対にすると，円盤不安定条件は

$$1 \gtrsim \frac{c_s \Omega_K}{G\Sigma}. \tag{2.41}$$

となる．厳密な線形解析によると，係数が若干変わって

$$1 > Q = \frac{c_{\rm s}\Omega_{\rm K}}{\pi G \Sigma}, \tag{2.42}$$

となる．Q はトゥーモレ (Toomre) の Q 値と呼ばれ，宇宙物理学で円盤の議論をするときには頻繁に出てくる量である．この式は，面密度 Σ が大きかったり，温度が低い ($c_{\rm s}$ が小さい) 場合には円盤は不安定になりやすいことを示す．

分散関係

線形安定論によると，一様無限の円盤の分散関係は，

$$\omega^2 = \Omega_{\rm K}^2 - 2\pi G \Sigma k + c_{\rm s}^2 k^2, \tag{2.43}$$

となっている．ここで $k = 2\pi/\lambda$ は波数 (λ は波長) で，ω は摂動 (微小揺らぎ) の振動数 (摂動の振幅 $\propto \exp(i\omega t)$ とした)．このように，摂動の振動数を波数や波長の関数として表したものを「分散関係」と呼ぶ．ここではこの分散関係自体を求めることはしないが[10]，もし $Q < 1$ なら，ある k に対して $\omega^2 < 0$ となって，摂動は時間とともに増大する解 (すなわち不安定解) をもつことがわかる．また，この分散関係から，潮汐力は小さい波数 k で ω^2 が負になることを抑えること，すなわち大きい波長の揺らぎを抑えることがわかり，圧力は小さい波長の揺らぎを抑える効果があることがわかる．

式 (2.43) から，最も小さい ω^2 に対応する，最も不安定な波数は $k_{\rm c} = \pi G \Sigma / c_{\rm s}^2$ であることがわかる．ぎりぎり不安定な場合 ($Q \sim 1$) は，$k_{\rm c} \sim \Omega_{\rm K}/c_{\rm s}$．対応する波長は

$$\lambda_{\rm c} = \frac{2\pi}{k_{\rm c}} \sim \frac{2\pi c_s}{\Omega_{\rm K}} \sim 2\pi h. \tag{2.44}$$

つまり最も不安定な揺らぎの波長は円盤の厚み (の 2π 倍) 程度になる．

数値計算でだんだん Q を小さくしていくと，$Q \sim 1$ に達する前の $Q \sim 2$ くらいで，自己重力による密度の揺らぎが立ち始め，その密度揺らぎが差動回転 ($\Omega_{\rm K} = \sqrt{GM/a^3}$ なので，異なる a で回転角速度が異なる) で引き延ばされて，渦状腕が形成される．観測によると，土星のリングや銀河系円盤部分では $Q \sim 2$ 程度になっている．渦巻き銀河の腕はこのメカニズムによって形成されるのだ

---

[10] 原論文は Toomre A. *Astrophysical Journal* **139**, 1217 (1964) で，Binney, J. & Tremaine, S., Galactic Dynamics, Princeton Univiversity Press (1987)，井田茂，系外惑星，東大出版会 (2005) などの教科書にも導出がある．

という説もあり，リングの厚みに対応する細かい渦状腕が土星のリングに入っているという観測事実もある．

それでは，次章でいよいよ，惑星形成の各物理プロセスを系統的に説明することにする．

第3章 惑星形成プロセス

　すでに述べたように，惑星は中心星の形成の副産物として形成される．1960年代には星形成の理論が組み上がり，それを基礎にして，惑星形成論が構築されていった．もちろん，当時は惑星系としては，わたしたちの太陽系しか知られていなかったので，惑星形成論は太陽系形成論と同義であった．

　惑星形成論が基礎とするのは，原始惑星系円盤からの惑星の形成という概念である．アメリカのアル・キャメロン（Alistair G. W. Cameron）は，重い円盤を考えて，円盤が自己重力で分裂して惑星ができると考えた（2.5.2項参照）．一方，当時ソ連のヴィクトール・サフロノフ（Viktor S. Safronov）や京都大学の林忠四郎，中澤清らは，自己重力に対しては安定な軽い円盤を考え，円盤の中で固体微粒子（ダスト）が凝縮して，ダストから「微惑星」が形成され，微惑星が合体成長を繰り返して惑星が形成されると考えた．京都大学チームのモデル，「京都モデル」，ではさらに，微惑星が集積した固体惑星が一定の質量（地球質量の10倍程度）以上になると，円盤ガスが惑星に流入し，巨大ガス惑星が形成されると考えた．このような巨大ガス惑星の形成モデルを「コア集積モデル」と呼ぶ．

　キャメロン・モデルでは岩石惑星や氷惑星がどのように形成されるのかを説明するのが難しいのに対して，コア集積モデルでは，太陽系において内側から，小型岩石惑星（地球型惑星），巨大ガス惑星（木星型惑星），中型氷惑星（海王星型惑星）の順に並ぶことが見事に説明され（4.1節参照），1980～90年代には，サフロノフのモデルや京都モデルが「標準モデル」と見なされるようになった．

　この標準モデルに従って，太陽系以外の惑星系（系外惑星系）も，多少のバリエーションはあるものの，太陽系と似たような姿になるであろうと想像されていた．ところが，1995年以降に実際に発見された系外惑星系の多くは，太陽系とはかけ離れた姿を示し，惑星形成のシナリオは見直しを迫られているのが

現状である．しかしながら，現在最も支持されている考え方は，標準モデルを依然として基本的な枠組みにして，そこに抜け落ちていた重要なプロセス（たとえば，3.8 節で述べる「軌道移動」など）を付け加えることで，系外惑星系の多様性を説明しようとする考えである．

本章では，標準モデルを記述するのに重要な物理，そして軌道移動などの新しい物理プロセスを系統的に記述していく．ただし，詳細で網羅的な説明は避けて，惑星分布生成モデルの構築に必要な，物理的に本質となるポイントを取り出すような記述をする．

それらを使って，惑星分布生成モデルを組み上げて，太陽系の姿，系外惑星系の多様性がどのように説明されるのかについては，第 4 章で議論する．

3.1 原始惑星系円盤の熱構造

原始惑星系円盤は主に水素分子ガスおよびヘリウム原子ガスからできている．その中に，質量にして 1% 程度の固体微粒子（ダスト）が含まれていて，それらから惑星が形成される．惑星形成過程においては，円盤ガスや固体微粒子の温度や密度が重要な意味をもつ．本節では，円盤の温度がどうなっているかを見る．

3.1.1 円盤の温度：光学的に薄い場合

固体微粒子の温度

円盤の温度を考える前に，より単純な場合として，中心星の周囲に存在する固体微粒子の温度がどうなるかを考えよう．中心星の周囲には固体微粒子以外は何も存在せず，真空中に固体微粒子が 1 個だけ存在しているとする．

物体の温度は，加熱と冷却の兼ね合いによって決まる．ある物体の熱容量を C，温度を T とすると，その物体の温度 T の時間変化は，

$$C\frac{dT}{dt} = \Gamma - \Lambda \tag{3.1}$$

によって表される．ここで Γ はその物体への加熱率（単位時間あたりに加えられる熱エネルギー）であり，Λ は冷却率（単位時間あたりに失われる熱エネル

3.1 原始惑星系円盤の熱構造

ギー) である．

　固体微粒子は，中心星からの放射を吸収して熱エネルギーを受け取る．一方，自分自身が放射を出すことによって熱エネルギーを捨てる．温度を求めるために，これらをそれぞれ式で表そう．まず加熱を考える．固体微粒子と中心星の距離を r とし，その場所に届く中心星からの放射エネルギーフラックスを F，中心星の光度 (全方向に放射される単位時間あたりの放射エネルギー) を L とすると，$F = L/4\pi r^2$ の関係がある．固体微粒子を球としその半径を a とすると，中心星から距離 r にある微粒子は単位時間に $\pi a^2 F$ の放射エネルギーを受け取る．ただしここでは，微粒子にあたった放射はすべて効率よく吸収されると考えている．効率が100%でない場合を考慮するためには，(規格化された) 吸収係数 $Q_{\rm vis}$ をかければよい[1]．よって固体微粒子に対する加熱率 Γ は，

$$\Gamma = Q_{\rm vis}\,\pi a^2 \frac{L}{4\pi r^2} \tag{3.2}$$

と書ける．

　次に固体微粒子の冷却を考える．固体微粒子が黒体 (放射と吸収の効率が100%の物体) であれば，単位表面積から単位時間に放射される放射エネルギーフラックスは**ステファン=ボルツマンの法則**により，$\sigma_{\rm SB} T^4$ と表せる．実際の放射効率が黒体よりも低い場合は，(規格化された) 吸収係数 $Q_{\rm IR}$[2] をかける．固体微粒子の表面積は $4\pi a^2$ だから，固体微粒子の冷却率 Λ は次のように書ける[3]．

$$\Lambda = Q_{\rm IR}\,4\pi a^2 \sigma_{\rm SB} T^4. \tag{3.3}$$

　以上を踏まえ，式 (3.1) の平衡解を求めよう．加熱と冷却が釣り合って ($\Gamma = \Lambda$) 温度が時間変化しない場合である．式 (3.2)，(3.3) を式 (3.1) に入れて T につ

---

[1] 規格化された吸収係数 $Q_{\rm vis}$ は，2.3 節で紹介されている「1 粒子の光の吸収断面積 σ」と「1 粒子の幾何学的断面積 πa^2」の比 $Q_{\rm vis} = \sigma/\pi a^2$ であり，無次元量である．なお，添え字 "vis" は可視光 (visible light) を意味している．中心星からの放射は主に可視光であることを想定している．

[2] キルヒホッフの法則 (放射エネルギーに関するもの) によれば，同じ波長で比較する場合，「放射係数」=「吸収係数」である．よって通常，この量は吸収係数と呼ばれる．なお，添え字 "IR" は赤外線 (infrared radiation) を意味している．原始惑星系円盤内の固体微粒子の温度がおよそ 2000K 以下であり，その結果，固体微粒子が出す主な放射が赤外線であることを念頭に置いている．

[3] 固体微粒子の表面および内部の温度は，T で一様だと仮定している．微粒子が小さくて内部の熱伝導が効率よく起こっていれば，この仮定は妥当である．熱伝導が効果的でない場合は，光があたっている昼側とそうでない夜側の間に温度差が生じる．

いて整理すると，

$$T = \left(\frac{Q_{\text{vis}}}{Q_{\text{IR}}} \frac{L}{16\sigma_{\text{SB}}\pi r^2} \right)^{1/4} \tag{3.4}$$

が得られる．具体的な数値は，たとえば簡単のために固体微粒子が黒体と見なせるとして $Q_{\text{vis}} = Q_{\text{IR}} = 1$ とすると，

$$T = 280 \left(\frac{L}{L_\odot} \right)^{1/4} \left(\frac{r}{1\,\text{AU}} \right)^{-1/2} \text{ K} \tag{3.5}$$

となる．なお，$L_\odot = 3.9 \times 10^{26}$ W は現在の太陽の光度である．

固体微粒子の吸収係数が，波長によって異なる場合の温度も求めてみよう．固体微粒子の吸収係数 Q_{abs} は波長によって変化し，それはおおよそ次のように表せる．

$$Q_{\text{abs}} = \begin{cases} 1 & 2\pi a \gtrsim \lambda \text{ の場合} \\ (2\pi a/\lambda)^\beta & 2\pi a \lesssim \lambda \text{ の場合} \end{cases} \tag{3.6}$$

ただし，λ は光の波長であり，β は固体微粒子を構成する物質の性質によって決まる指数である[4]．物体の大きさよりも長い波長の光に対しては，物体の吸収係数は 1 以下になる（2.3 節参照）．原始惑星系円盤中の固体微粒子の大きさは，初期には星間分子雲中でのそれと同じく $a = 0.1\mu$m 程度である．ここではそれを採用し，さらに $\beta = 1$ とする．また，中心星は太陽と同じとする．

吸収・放射される光の波長については，次のように考える．まず，ほとんどの星からの放射は黒体放射で近似できることに注意する．黒体放射はさまざまな波長の光を含むが，最も多くのエネルギーを運ぶ光の波長は W を定数，星の有効温度を T_* として，$\lambda_* = W/T_*$ と書ける[5]．太陽の有効温度は $T_* = 5800$ K であり，ピーク波長は $\lambda_* = 0.50\,\mu$m である．ここで，黒体放射をピーク波長の放射のみに置き換えて近似しよう．すると，中心星放射に対する固体微粒子の吸収係数は式 (3.6) より，$Q_{\text{vis}} = 1$ と評価できる．一方，固体微粒子自身が放射する光のピーク波長 λ_d は微粒子の温度を T として同様にヴィーンの変位則で得られるが，それは赤外線に相当する．微粒子からの放射をそのピーク

---

[4] ケイ酸塩鉱物や水氷，グラファイトなどからなる大きさ $0.1\,\mu$m 程度の固体微粒子においては，おおよそ $\beta = 1 \sim 2$ である．

[5] これは，ヴィーンの変位則と呼ばれている．黒体放射のエネルギースペクトル（単位波長あたりの放射エネルギー分布 = プランク関数 $B(\lambda)$）は波長の関数であり，それが最大値をとる波長 $(\partial B(\lambda_{\max})/\partial\lambda = 0)$ はこの関係式で得られる．定数 W は，$W = 2900$ K $\cdot \mu$m である．

波長の放射で近似すれば，結局，$Q_{\rm IR} = (2\pi a/\lambda_d) = T/T_a$ になる．ただし，$T_a = W/2\pi a = 4620$ K とおいた．

以上を式 (3.4) に入れて温度 T について解くと，次が得られる．

$$T = T_* \left(\frac{T_a}{T_*}\right)^{1/5} \left(\frac{R_*}{2r}\right)^{2/5} = 490 \left(\frac{r}{1~{\rm AU}}\right)^{-2/5}~{\rm K}. \tag{3.7}$$

なお，R_* は中心星の半径であり，中心星の光度に対しては $L = 4\pi R_*^2 \sigma_{\rm SB} T_*^4$ という関係を用いた．ここで得られた温度は式 (3.5) の温度よりも高い．これは，加熱率 ($\propto Q_{\rm vis}$) と冷却率 ($\propto Q_{\rm IR}$) において $Q_{\rm vis} > Q_{\rm IR}$ なので，式 (3.3) が示す通り，より高温にならないと必要な冷却率が得られないからである．

円盤の温度

光学的に薄い円盤の温度を求めよう（光学的厚さについては 2.3 節参照のこと）．中心星からの光が円盤内に行き届いている状況である．円盤ガスに対しては状況によっていろいろな熱源があり得るが，主要な熱源の 1 つは中心星からの放射である．特に，円盤が中心星からの放射に対して光学的に薄い場合は通常，中心星放射が最も主要な熱源となる．

円盤ガスが放射に対して完全に透明だとすると，円盤ガスは放射を全く吸収せず放射のエネルギーを受け取ることがないということだから，円盤ガスが放射によって加熱されることはない．そこで，少しだけ放射を吸収する場合を考える．原始惑星系円盤には水素分子とヘリウム原子の混合であるガスと，固体微粒子が含まれている．水素・ヘリウムガスと固体微粒子を比べると，固体微粒子は質量にして 100 分の 1 程度しかないが，放射を吸収する能力（吸収断面積）は 1000 倍以上も高い[6]．よって，中心星放射で加熱されている原始惑星系円盤の温度を考えるときはまず，円盤内固体微粒子の温度を考える．しかし，円盤ガスの温度は実際には固体微粒子の温度と同じになる．ガス分子は熱運動に伴って固体微粒子と衝突を繰り返し，その際，エネルギーをやり取りするからである[7]．結局この場合，円盤の温度（ガスと固体微粒子を含む）は先に求めた式 (3.4)（具体的には式 (3.5) や式 (3.7) など）で表されることになる．

---

[6] 円盤中に存在する質量比も考慮して比較した場合
[7] 衝突頻度が低い低密度領域では，ガス温度と固体微粒子温度に違いが生じる場合がある．

3.1.2 円盤の温度：光学的に厚い場合

光学的に厚い円盤の温度を考えよう．ここでは，中心星からの光に対する性質が異なる円盤表層を考慮する場合としない場合，および熱源として円盤内部の粘性加熱を考慮する場合の，計 3 つの状況について説明する．

円盤表面を黒体の固い壁で近似する場合

まずは，熱源が中心星放射のみの場合を考える．光学的に厚い円盤の内部には，中心星からの放射エネルギーは円盤表面を通してのみ到達し得る．入射エネルギー量は，円盤表面の傾きに依存する．いっぽう円盤の冷却は，円盤表面から宇宙空間に向かっての放射によってなされる．

簡単のために円盤の "表面" を，月の表面のように中心星からの放射が吸収される固体壁であり，円盤からの放射が放射される固体壁であるとしよう．円盤内部の温度は，円盤面に垂直な z 方向には表面温度と同じと考える．円盤表面の z 方向高さ z_s は，後（3.2.1 項）で定義する円盤のスケールハイト h（式 (3.26)）に比例すると仮定して $z_s = sh$ とする．ここで s は円盤 "表面" とスケールハイトとの比であり，場所によらず定数であると仮定する．スケールハイト h は中心星からの距離 r によって変化するから，"表面" は r とともに変化する：$z_s = z_s(r)$．すなわち，"表面" は傾いている（図 3.1）．この "表面" の傾きに応じて，円盤に入射する中心星からの放射エネルギーが決まる．中心星の大きさに比べて十分離れた場所では中心星の大きさを無視できて点光源と見なせるが，その場合，円盤表面の単位面積に入射するエネルギーは，

$$F_{\text{in}} = \frac{1}{2} \cdot \frac{L}{4\pi r^2}\left(\frac{dz_s}{dr} - \frac{z_s}{r}\right) = \frac{1}{2} \cdot \frac{L}{4\pi r^2}\, r\, \frac{d}{dr}\left(\frac{z_s}{r}\right) \quad (3.8)$$

と表せる[8]．これに対し，円盤表面の単位面積から外に向かって放射されるエネルギー F_{out} はステファン＝ボルツマンの法則によって $F_{\text{out}} = \sigma_{\text{SB}} T^4$ で与えられる．そして円盤の温度は，$F_{\text{in}} = F_{\text{out}}$ となる条件から求められる．

円盤温度を具体的に求めてみよう．表面が図 3.1 のように曲率をもち，かつ中心星を点光源と見なせる円盤においては，入射エネルギーと放出エネルギーの釣り合いは次のようになる．

---

[8] 中心星からのフラックスに $1/2$ がかかっているのは，光学的に厚い円盤によって中心星の下半分からの光が届かないことを考慮したためである．また，一般に $|dz_s/dr - z_s/r| \ll 1$ であることを用いている．

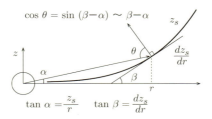

図 3.1 光学的に厚い円盤の温度：円盤表面を黒体の固い壁で近似した場合．太い曲線が円盤 "表面" を表している．中心星からの距離 r と円盤表面に対する入射光の入射角度 θ が，円盤に対する入射エネルギー量を左右する．原点を囲む円は中心星を模したもの．

$$\frac{1}{2} \cdot \frac{L}{4\pi r^2} \cdot r \frac{d}{dr}\left(\frac{z_s}{r}\right) = \sigma_{\mathrm{SB}} T^4. \tag{3.9}$$

これと後の式 (3.26) などを連立すると，この場合の円盤温度は次のように求められる[9]．

$$T = 1.5 \times 10^2 \left(\frac{L}{L_\odot}\right)^{2/7} \left(\frac{M_*}{M_\odot}\right)^{-1/7} \left(\frac{s}{4}\right)^{2/7} \left(\frac{r}{1\,\mathrm{AU}}\right)^{-3/7} \mathrm{K}. \tag{3.10}$$

なお，$M_\odot$ は太陽の質量を表し，$M_\odot = 2.0 \times 10^{30}$ kg である．

円盤表層を考慮する場合 —— 円盤 2 層モデル ——

現実の円盤の表面は，固体壁ではない．地球大気のように，少しずつガス密度が変化している．この場合，円盤の表層に位置しているガス・固体微粒子には中心星からの光が直接届く一方で，円盤の内部には中心星放射は直接は届かない．こうした状況を考えるため，円盤を鉛直方向に 2 層に分ける．中心星放射が直接届く「表層」と，直接は届かない「内部層」の 2 層である．この 2 層の境界面は，可視光に対する中心星からの光学的厚さ τ_{vis} が $\tau_{\mathrm{vis}} = 1$ となる面として定義される（図 3.2 参照）．実際には光学的厚さが 1 を越えても少しは光が届くが，急速に減衰するので以下では簡単のため，中心星からの光は境界面よ

---

[9] 円盤表面高さとスケールハイトの比 s の値など，本節の内容の詳細は次の論文を参照のこと: Chiang, E. I. & Goldreich, P. *Astrophysical Journal* **490**, 368 (1997), Kusaka, T., Nakano, T., & Hayashi, C. *Progress of Theoretical Physics* **44**, 1580 (1970).

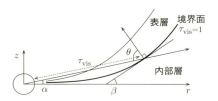

図 3.2 円盤 2 層モデル．太い曲線は，中心星から出た可視光に対して光学的厚さ $\tau_{\rm vis}$ が 1 となる面（境界面）を示している．境界面より上は「表層」であり，中心星からの可視光に対して透明（$\tau_{\rm vis} < 1$）な領域である．表層で吸収・散乱された光が「内部層」に届けられる．原点を囲む円は中心星を模したもの．

り上の表層ですべて吸収され，内部層には一切届かないと近似して考える[10]．

まず，表層の温度を考える．表層は中心星からの放射に対して光学的に薄い（$\tau_{\rm vis} \leq 1$）．したがって，表層の温度[11] T_s は 3.1.1 項で求めたものと同じ（式 (3.4), (3.5), (3.7) など）になる．

次に，内部層の温度 T_i を考えよう．まずは，内部層に届く放射エネルギーがどうなるかを考える．内部層には中心星からの放射は直接は届かないが，表層の固体微粒子群が出した放射がくる．表層の固体微粒子は，z 軸の正負両方向に同じように放射を出すだろう．そうすると結局，内部層には表層が受け取ったエネルギーのおよそ半分が届くことになる．すなわち，境界面において表層から内部層に向かう放射エネルギーフラックス $F_{s \to i}$ は，式 (3.8) を用いて，

$$F_{s \to i} = \frac{1}{2} F_{\rm in} \tag{3.11}$$

となることがわかる．

表層からの放射を受ける内部層には，z 方向の物質量や固体微粒子のサイズなどに応じていくつかの場合がある．ここでは次の 2 つの場合について，内部層の温度を詳しく見てみよう：(1) 表層からの放射（$\lambda_s \simeq W/T_s$）に対しても内部層自身からの放射（$\lambda_i \simeq W/T_i$）に対しても光学的に厚い場合，(2) 両放射に対して光学的に薄い場合．

---

[10] こうした近似の妥当性や散乱も考慮したより精度の高いモデル化については，次の論文を参照のこと．Inoue, A. K., Oka, A., & Nakamoto, T. *Monthly Notices of Royal Astronomical Society* **393**, 1377 (2009).

[11] 厳密には，表層に存在する固体微粒子の温度．表層はガス圧力が低いのでガス分子と固体微粒子の衝突頻度が小さくなり，ガスと固体微粒子の温度に違いが生じる場合がある．

(1) 両放射に対して内部層が光学的に厚い場合

この場合は,先に見た「円盤表面を黒体の固い壁で近似する場合」と同じになる.境界面を先の固体壁と見なせばよい.すると,内部層の温度は式 (3.10) の温度の $(1/2)^{1/4}$ 倍で,

$$T_i = 1.3 \times 10^2 \left(\frac{L}{L_\odot}\right)^{2/7} \left(\frac{M_*}{M_\odot}\right)^{-1/7} \left(\frac{s}{4}\right)^{2/7} \left(\frac{r}{1\,\text{AU}}\right)^{-3/7} \text{K} \qquad (3.12)$$

となる.

(2) 両放射に対して内部層が光学的に薄い場合

内部層内にいる固体微粒子にとっては,表層からやってくる波長 λ_s の放射によって加熱される状況である.この固体微粒子の,波長 λ_s と λ_i の放射に対する吸収係数をそれぞれ $Q_{\text{IR},s}$, $Q_{\text{IR},i}$ とすると,加熱率は $\Gamma = 2F_{s\to i} \times Q_{\text{IR},s}\pi a^2$ である.この右辺で2倍しているのは,内部層内の固体微粒子は上下2つの表層から放射を受けることを反映している.一方,冷却率は $\Lambda = Q_{\text{IR},i} 4\pi a^2 \sigma_{\text{SB}} T_i^4$ である.これより,次が得られる.

$$T_i^4 = T_*^4 \left(\frac{1}{4}\frac{Q_{\text{IR},s}}{Q_{\text{IR},i}}\right) \left(\frac{R_*}{r}\right)^2 \sin(\beta - \alpha) \qquad (3.13)$$

具体的な数値を求めると,次のようになる.

$$T_i = 1.5 \times 10^2 \left(\frac{s}{4}\right)^{\frac{2}{9}} \left(\frac{T_*}{T_\odot}\right)^{\frac{16}{15}} \left(\frac{R_*}{R_\odot}\right)^{\frac{8}{15}} \left(\frac{M_*}{M_\odot}\right)^{-\frac{1}{9}} \left(\frac{r}{1\,\text{AU}}\right)^{-\frac{19}{45}} \text{K} \qquad (3.14)$$

粘性加熱円盤における円盤温度

後の 3.3 節で見るように,円盤内に質量輸送がある場合は円盤内で熱が発生し,これが主要な熱源になる場合がある.ここではその場合の円盤内温度がどうなるかを見てみよう.

円盤(を上から見たとき)の単位面積あたり単位時間あたり,ε の発熱があるとする.円盤の質量降着が粘性によるものである場合には,$\varepsilon = \frac{9}{4}\Sigma\nu GM_*/r^3$ と書ける.ここで Σ は面密度であり(式 (3.27)),ν は円盤ガスの動粘性係数(乱流粘性;式 (3.40)),M_* は中心星質量である.円盤内で発生した熱は円盤の z 方向上方に輸送され,宇宙空間に放射される.

円盤が z 方向に対して光学的に厚い場合を考えよう.地球の雲からの放射の

場合を想像するとわかりやすいかも知れないが，円盤ガスから宇宙空間への放射エネルギーフラックス F_out は，円盤 "表面" 付近の各層のガスからの放射によって実現されている．円盤の "表面" 付近のガスには温度分布があるので，さまざまな温度のガスからの放射が寄与しているわけである．しかし，厳密な解析によればある条件が満たされる場合，$z = \infty$ から $z = 0$ に向かって測った光学的厚さが $\tau = 2/3$ となる面の温度 T_s を使うと，$\sigma_\mathrm{SB} T_\mathrm{s}^4$ が F_out に一致することがわかる．一般的にはその条件は満たされないが，近似的に成り立つとして，ここでも円盤表面の温度 T_s を使って議論を進める．

円盤内部からは，単位面積あたり単位時間あたり $\varepsilon/2$ のエネルギーが円盤表面に流れてくる（ここで 2 は，円盤表面が上下 2 つあることに由来する）．これだけのエネルギーを放射するためには，表面温度 T_s は次のようであればよい．

$$\sigma_\mathrm{SB} T_\mathrm{s}^4 = \frac{\varepsilon}{2} = \frac{9}{8} \Sigma \nu \frac{GM_*}{r^3}. \tag{3.15}$$

後の 3.3.1 項にあるように定常降着の場合，質量降着率は $|\dot{M}| = 3\pi\Sigma\nu$ となるから，

$$T_\mathrm{s} = 1.5 \times 10^2 \left(\frac{|\dot{M}|}{10^{-8} M_\odot/\mathrm{yr}}\right)^{1/4} \left(\frac{r}{1\,\mathrm{AU}}\right)^{-3/4} \mathrm{K} \tag{3.16}$$

となる．

円盤内部の温度はどうなっているだろうか．円盤内部では密度も温度も変化しているが，密度は $z = 0$ 付近に集中しているから，発生する熱の分布もそうなっていると考えられるだろう．よってここでは，ε は $z = 0$ 面に局在していて，他の z では発熱はしていないとする．すると，円盤の赤道面（$z = 0$ 面）から表面までの間，エネルギーフラックス F_out は z によらず一定値であることになる．円盤内部で鉛直方向のエネルギーの流れはすべて放射で起こっていると近似する[12]と，

$$F_\mathrm{out} = -\frac{4\sigma_\mathrm{SB}}{3\kappa\rho_\mathrm{gas}} \frac{dT^4}{dz} \tag{3.17}$$

という関係がある（3.7.1 項参照）．ここで右辺は光学的に厚い媒質中でのエネルギーフラックスが温度勾配に比例することを意味している．この式の導出は，後の 3.7.1 項（式 3.126）を参照のこと．なおここで，κ は質量吸収係数と呼ば

---

[12] エネルギー輸送の機構には，放射，移流（対流），伝導の 3 種がある．円盤内ではガス密度が低いので，地球大気中とは異なり，伝導はほとんど効かず，移流（対流）もあまり大きな寄与はもたない．

れる量で，固体微粒子 1 個の吸収断面積 σ とは，次の関係がある：

$$\sigma n_{\text{dust}} = \kappa \rho_{\text{gas}}. \tag{3.18}$$

この式の n_{dust} は固体微粒子の空間数密度であり，ρ_{gas} は，固体微粒子も含めた円盤ガスの質量密度である．すなわち κ は，円盤ガスの単位質量あたりの吸収断面積を表している．

さて，式 (3.17) の両辺に $\kappa \rho_{\text{gas}}$ をかけてから両辺を z について積分する：

$$F_{\text{out}} \int_0^{z_s} \kappa \rho_{\text{gas}} dz = -\int_0^{z_s} \frac{4\sigma_{\text{SB}}}{3} \frac{dT^4}{dz} dz. \tag{3.19}$$

ここで κ を定数と見なし，さらに $F_{\text{out}} = \sigma_{\text{SB}} T_s^4$ であることを使って整理すると，次式を得る．

$$T_0 = T_s \left(1 + \frac{3}{8}\tau\right)^{1/4}. \tag{3.20}$$

ただし，T_0 は $z=0$ での温度であり，$\tau = \kappa \Sigma$ である．円盤が十分に光学的に厚い場合 ($\tau \gg 1$) には，次のようになる．

$$T_0 = 1.6 \times 10^3 \left(\frac{|\dot{M}|}{10^{-8} M_\odot/\text{yr}}\right)^{1/4} \left(\frac{\kappa}{10 \text{ cm}^2 \text{ g}^{-1}}\right)^{1/4} \left(\frac{\Sigma}{10^4 \text{ g cm}^{-3}}\right)^{1/4}$$
$$\times \left(\frac{M_*}{M_\odot}\right)^{1/4} \left(\frac{r}{1 \text{ AU}}\right)^{-3/4} \text{ K}. \tag{3.21}$$

この式を見ると，面密度 Σ が大きいときには温度が高くなることがわかる．円盤温度は，次のように表現することもできる．

$$T_0 = 1.5 \times 10^3 \left(\frac{|\dot{M}|}{10^{-8} M_\odot/\text{yr}}\right)^{2/5} \left(\frac{\alpha}{10^{-2}}\right)^{-1/5} \left(\frac{\kappa}{10 \text{ cm}^2 \text{ g}^{-1}}\right)^{1/5}$$
$$\times \left(\frac{r}{1 \text{ AU}}\right)^{-9/10} \text{ K}. \tag{3.22}$$

この表式で温度の各量への依存性が式 (3.21) と異なるのは，面密度 Σ などにも r 依存性が含まれているからである．円盤モデルのグローバルなモデルパラメータが $\dot{M}$, α, κ で，これらが定数だとすると，式 (3.22) は温度 T_0 の r 依存性を示していることになる．これによれば，$T_0 \propto r^{-9/10}$ である．

3.2 原始惑星系円盤の力学構造

本節では，円盤の力学的平衡状態を考える．円盤の鉛直方向は，2.4節で見たような中心星重力と圧力勾配の釣り合い（静水圧平衡）にある．一方で動径方向には，中心星重力と遠心力がほとんど釣り合っている．動径方向にも圧力勾配はあるが，力学構造においては圧力勾配の寄与は小さい（しかしながら，ダストや惑星とガスの間の相互作用を考える際には，その圧力勾配の小さなずれが重要となる）．本節の最後では，円盤モデルの一例として，太陽系を作った円盤を近似的に復元したモデルを示す．

3.2.1 鉛直方向の構造

円盤の鉛直方向（z方向とする）には，圧力勾配と中心星重力のz成分が釣り合うので（図3.3），

$$0 = \frac{1}{\rho}\frac{\partial P}{\partial z} + \frac{GM_*}{r^2+z^2}\frac{z}{(r^2+z^2)^{1/2}} \simeq \frac{1}{\rho}\frac{\partial P}{\partial z} + \frac{GM_*}{r^3}z \quad (3.23)$$

となる（粘性応力は普通無視できる）．ここで，M_*は中心星質量，P, ρは円盤ガスの圧力と質量密度である．rは中心星までの距離の動径成分で，$z \ll r$とした．

簡単のため，円盤ガスは理想気体で，z方向には等温だとしよう[13]．その場合，音速$c_s = \sqrt{\partial P/\partial \rho} = \sqrt{P/\rho}$となるので，式(3.23)で$P$が消去できて，

$$\frac{1}{\rho}\frac{\partial \rho}{\partial z} = -\frac{\Omega_K^2}{c_s^2}z. \quad (3.24)$$

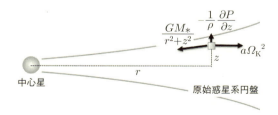

図 **3.3** 円盤ガスの力の釣り合い

---

[13] 前節で，光学的に厚くてz方向に温度が変化する場合も考えたが，z方向の力学構造はあまり変わらない．

ここで，$\Omega_K = \sqrt{GM_*/r^3}$ はケプラー角速度．式 (3.24) は積分できて，

$$\rho = \rho_0 e^{-\frac{z^2}{2h^2}}. \tag{3.25}$$

ここで，ρ_0 は赤道面 ($z = 0$) での密度．h は円盤 z 方向の密度スケールハイトで，

$$h = \frac{c_s}{\Omega_K} \tag{3.26}$$

で与えられる[14]．h は円盤密度が赤道面の値から急激に落ち始める高さで，円盤の典型的な厚み（の半分）を表す．式 (3.26) から，$h/r = c_s/v_K$ であることもわかる．中心星重力に対応する速度が v_K で，中心星重力の z 成分を支えているのは圧力勾配であり，圧力に対応する速度が c_s なので，このような関係が出てくると言ってもよい．

密度 ρ を z 方向に積分したものを面密度または柱密度と呼び，Σ で表す．一般に $h \ll r$ なので，Σ を使うことが便利な場合が多い．Σ の定義式に式 (3.25) を代入すると，

$$\Sigma = \int_{-\infty}^{\infty} \rho dz = \sqrt{2\pi} h \rho_0 \tag{3.27}$$

となるので，式 (3.25) は Σ を使って

$$\rho = \frac{\Sigma}{\sqrt{2\pi}h} e^{-\frac{z^2}{2h^2}} \tag{3.28}$$

と書ける．

3.1.1 項で求めた光学的に薄い場合の黒体の温度（式 (3.5)）を使うと，音速の具体的な値は

$$\begin{aligned} c_s &\simeq 1 \times 10^5 \left(\frac{T}{300 \text{ K}}\right)^{1/2} \left(\frac{L_*}{L_\odot}\right)^{1/8} \text{ cm/s} \\ &\simeq 1 \times 10^5 \left(\frac{r}{1 \text{ AU}}\right)^{-1/4} \left(\frac{L_*}{L_\odot}\right)^{1/4} \text{ cm/s} \end{aligned} \tag{3.29}$$

と書ける．ここで，L_* は中心星が単位時間あたりに発する全エネルギーで，$L_\odot$ は太陽の値で 3.9×10^{26} W．ちなみに，ケプラー速度は

---

[14] $\rho = \rho_0 \exp(-z^2/h^2)$，$h = \sqrt{2}c_s/\Omega_K$ とする流儀もあるが，ρ は指数関数ではなくガウス関数なので，h の係数を簡潔にするためにこのようにとった．こちらの流儀のほうが，実際上，よく使われている．

$$v_{\rm K} \simeq 3 \times 10^6 \left(\frac{r}{1{\rm AU}}\right)^{-1/2} \left(\frac{M_*}{M_\odot}\right)^{1/2} \ {\rm cm/s} \tag{3.30}$$

なので，一般に $c_s \ll v_{\rm K}$ であることが確認できる．r で規格化したスケール・ハイトは，同じ温度分布を使うと，

$$\frac{h}{r} = \frac{c_s}{v_{\rm K}} \simeq 0.03 \left(\frac{r}{1{\rm AU}}\right)^{1/4} \left(\frac{M_*}{M_\odot}\right)^{-1/2} \left(\frac{L}{L_\odot}\right)^{1/8} \tag{3.31}$$

と書ける．

3.2.2 動径方向の構造

円盤ガスの r 方向の力の釣り合いは，

$$\frac{1}{r}v_\phi{}^2 = \frac{1}{\rho_{\rm g}}\frac{\partial P}{\partial r} + \frac{GM_*}{r^2+z^2}\frac{r}{(r^2+z^2)^{1/2}} \simeq \frac{1}{\rho_{\rm g}}\frac{\partial P}{\partial r} + \frac{GM_*}{r^2} \tag{3.32}$$

となる（図 3.3）．v_ϕ は角度方向の速度成分で，左辺は遠心力を表す．この式から，円盤ガスの回転角速度 $\Omega(r) = v_\phi/r$ は，

$$\Omega = \left(\frac{GM_*}{r^3} + \frac{c_s^2}{r^2}\frac{\partial \ln P}{\partial \ln r}\right)^{1/2} \simeq \Omega_{\rm K}(1-\eta) ; \tag{3.33}$$

$$\eta = -\frac{c_s^2}{2v_{\rm K}^2}\frac{\partial \ln P}{\partial \ln r} = -\frac{h^2}{2r^2}\frac{\partial \ln P}{\partial \ln r} \tag{3.34}$$

と書けることがわかる．局所的なでこぼこがない，滑らかな円盤の場合は，$\partial \ln P/\partial \ln r$ は負の $O(1)$ の数になる．$c_s \ll v_{\rm K}$（$h \ll r$）なので $\eta \ll 1$ であり，ガスの回転角速度 Ω はほとんどケプラー回転角速度 $\Omega_{\rm K}$ と等しいことがわかる．ただし，ダスト，微惑星，原始惑星は圧力を直接感じないので，$\Omega_{\rm K}$ で回転しようとするのに対して，ガスは微小とはいえ η の分だけ遅いので，それらが円盤ガスと相互作用（ガス抵抗，重力相互作用）をすると，動径方向に移動することになる（3.4.2 項，3.8.1 項参照）．つまり，この差は微小であっても極めて重要である[15]．

円盤ガスは鉛直方向には惑星重力と自身の圧力勾配が釣り合っていたので，

---

[15] 1AU 付近で評価してみると，式 (3.31) より，$\eta \simeq 10^{-3}$ であることがわかる．すると，ケプラー速度 $V_{\rm K}$ との速度差は，$-r\Omega_{\rm K}\eta \simeq -30$ m/s となる．ダストや微惑星などは，秒速 30 m 程度の向かい風を受けながら運動しているというわけである．

鉛直方向の密度分布は自動的に決まった．しかし，動径方向には，ほとんど惑星重力と遠心力が釣り合っているので，円盤ガスの面密度分布は滑らかに連続していれば，任意に設定できる．ただし，3.3 節で示すように，粘性を考えると，ガスの角運動量輸送に伴う移動を基本にして動径分布が求まる．その前に，現在の太陽系の分布から決めた動径分布を次項で考えておく．

3.2.3 太陽系復元モデル

原始惑星系円盤の温度は太陽に比べれば低く，3.1.1 項で述べたヴィーンの法則から，円盤は主に波長の長い光である電波を出すことになる．電波望遠鏡は可視光の光学望遠鏡に比べて分解能が低いので，惑星が主に形成される 10AU 以内の領域の原始惑星系円盤の質量分布の詳しい情報は，観測的には得られていない[16]．

円盤ガス密度の動径分布を導く，1 つの方法は，現在の太陽系の地球型惑星（ケイ酸塩，鉄）と巨大ガス惑星内部の固体（氷，ケイ酸塩，鉄）の推定量をすりつぶして滑らかな面密度分布を推定して，そこに，大半は太陽に落ちてしまった，水素・ヘリウムのガスを太陽の元素組成と同じだと仮定して付加するというものである．これを「太陽系復元モデル」と呼ぶ．固体成分もすべてが残っているわけではないはずで，現在の太陽系を作るために最小限必要な円盤材料量ということで，「太陽系最小質量モデル」とも呼ばれ，京都大学の林忠四郎によって提案されたものなので，「林モデル」と呼ぶことも多い[17]．

太陽系復元モデルにおいて，固体成分 ($\Sigma_{\rm d}$)，ガス成分 ($\Sigma_{\rm g}$) の面密度は，それぞれ，

$$\Sigma_{\rm d} = 7 f_{\rm ice} \left(\frac{r}{1\,{\rm AU}} \right)^{-3/2} {\rm g\ cm}^{-2} \qquad (3.35)$$

$$\Sigma_{\rm g} = 1700 \left(\frac{r}{1\,{\rm AU}} \right)^{-3/2} {\rm g\ cm}^{-2} \qquad (3.36)$$

のように与えられる．$f_{\rm ice}$ は，H_2O の凝結の効果で，

$$f_{\rm ice} = \begin{cases} 1 & [r < r_{\rm ice} \text{の場合}] \\ 4.2 & [r > r_{\rm ice} \text{の場合}]. \end{cases} \qquad (3.37)$$

---

[16] チリの大電波望遠鏡群 ALMA が稼働し始めており，今後だんだんと解明されてくる可能性がある．

[17] Hayashi, C. *Progress of Theoretical Physics* **70**, 35 (1981).

ここで，H_2O 氷の凝結効果による面密度増加の割合を 4.2 としたが，不定性が大きく，最近では 2〜3 くらいの値が使われることも多い．氷の凝結は円盤ガス内のような低圧力のもとでは 150〜170 K 以下程度の領域で起こる．光学的に薄い極限の温度分布，式 (3.5) を使うと，

$$r_{\mathrm{ice}} = 2.7 \left(\frac{L_*}{L_\odot} \right)^{1/2} \mathrm{AU} \tag{3.38}$$

となる．式 (3.35)，(3.36) は単に太陽系のモデルというだけではなく，第 4 章で見るように，系外惑星系を一般的に議論する惑星生成モデルにおいても，基準となる円盤面密度分布として使うことになる．

ガスの面密度 Σ_g を海王星軌道と冥王星軌道の間の 36AU まで r 方向で積分すると，円盤の総質量は $\sim 0.013 M_\odot$ となる．これは，観測されている若い星のまわりの円盤質量の平均値とだいたい一致する．式 (3.25) より，林モデルにおける赤道面でのガス密度 $\rho_0(r)$ は

$$\rho_0(r) = \frac{\Sigma_g}{\sqrt{2\pi} h} = 1.4 \times 10^{-9} \left(\frac{r}{1\mathrm{AU}} \right)^{-11/4} \mathrm{g\ cm}^{-3} \tag{3.39}$$

となる．

3.3 円盤降着

第 2 章のはじめに述べたように，星の形成は，銀河面に浮かぶガス雲の密度で高い部分が自分の重力で収縮していくことで起こる．分子雲は乱流など内部運動をしているが，収縮するガスの塊の合計の角運動量は正確にゼロになっていることはあり得なく，一方で，ガス塊の大きさ D は 6〜7 桁以上ものスケールで収縮する．ガス塊の慣性能率は $I \sim MD^2$ で角運動量は $L \sim I\omega$ なので（M はガス塊の質量で，ω は平均的な角速度），この収縮で角運動量が保存しているとすると，ω は十数桁も増幅されることになる．自己重力は $\sim M/D^2$ であるが，遠心力は $\sim D\omega^2 \sim D(L/MD^2)^2 \sim (L/M)^2/D^3$ であって，遠心力のほうが D の依存性は強い．M も L も保存するとすれば，収縮していくにつれて（D が小さくなると），必ず，遠心力は自己重力に勝るようになる．したがって，磁場などによって初期の角運動量の大部分を捨てたとしても，一部のガスは原始

星に落ちきることができずに，原始星のまわりを周回することになる．これが，原始惑星系円盤であった．

星形成はほぼ自由落下で起こるので，10万年のオーダーの自由落下時間で起こる．観測によると，円盤ガスはその後，ゆっくりと中心星方向に降着し，数百万年の時間スケールで円盤は消失しているようである．

その消失は，円盤を作る原因になった角運動量が（円盤の大部分の領域で）失われたことによるはずで，その角運動量輸送の主な原因は，粘性拡散であろうと考えられている．粘性があると，そのトルクにより角運動量は円盤の外側部分に運ばれる．外縁部のガスは角運動量をもらって外側に移動するが，単位質量あたりの角運動量は $\sqrt{GM_*r}$ なので（M_* は原始星の質量，r は原始星からの距離），円盤が広がれば広がるほど，外縁部のガスは少量でも大きな角運動量をもつことになる．円盤の全角運動量は保存するので，その他の大部分のガスは角運動量を失い，内側に移動する．したがって，円盤ガスのほとんどの部分は中心星へと落ちることになる．

この3.3節では，この角運動量輸送およびそれに伴う円盤の質量分布の進化，円盤消失について述べることにする．

3.3.1 角運動量輸送

乱流粘性の α モデル

観測による質量降着率を生み出す角運動量輸送率はかなり大きなもので，分子粘性による拡散によるでは到底足りず，円盤ガスは何らかの原因で乱流状態になっており，その乱流により大きな角運動量輸送（乱流粘性による拡散）が生じていると考えられる．分子運動論によると，動粘性係数 ν は個別の分子の速度（音速）c_s と平均自由行程 l を使って，$\nu \sim c_s l$ と書ける．分子を乱流の塊に置き換えて，乱流粘性を，

$$\nu \sim \alpha c_s h \sim \alpha h^2 \Omega_{\mathrm{K}} \tag{3.40}$$

と書いてみる．ここで h は円盤の厚み（式 (3.26) 参照）で，乱流の塊の流体の平均自由行程は h 以下，移動速度は c_s 以下と推定されるので，無次元のパラメータ α は1より小さな数になるはずである．α の実際の値は，数値シミュレーションの結果などを使って経験的に決める．このようにして乱流の詳細をすべ

てパラメータ α に押しつけて乱流粘性を記述するモデルを「α モデル」と呼ぶ[18]．

角運動量輸送

この粘性による円盤ガスの拡散を考える．流体の運動は，以下の連続の式とナヴィエ=ストークス方程式から導くことができる．

$$\frac{\partial \rho_g}{\partial t} + \frac{\partial}{\partial x_j}(\rho_g v_j) = 0, \tag{3.41}$$

$$\frac{\partial}{\partial t} v_i + v_j \frac{\partial v_i}{\partial x_j} = -\frac{1}{\rho_g}\frac{\partial P}{\partial x_i} + \frac{1}{\rho_g}\frac{\partial p_{ij}}{\partial x_j} + \frac{\partial}{\partial x_i}\left(\frac{GM_*}{R}\right). \tag{3.42}$$

ここで，p_{ij} は粘性ストレス・テンソルで，

$$p_{ij} = 2\rho_g \nu (e_{ij} - \frac{1}{3}e_{kk}\delta_{ij});\ e_{ij} = \frac{1}{2}\left(\frac{\partial v_i}{\partial x_j} + \frac{\partial v_j}{\partial x_i}\right). \tag{3.43}$$

以後，円筒座標 (r,ϕ,z) を使う．連続の式 (3.41) を z 方向に積分すると，

$$\frac{\partial \Sigma_g}{\partial t} + \frac{1}{r}\frac{\partial}{\partial r}(\Sigma_g v_r r) = 0 \tag{3.44}$$

となる（ここで，$\Sigma_g = \int \rho_g dz$）．運動方程式 (3.42) の ϕ 成分を z 方向に積分したものは

$$\Sigma_g v_r r \frac{\partial (r^2\Omega)}{\partial r} = \frac{\partial}{\partial r}\left(r^3 \Sigma_g \nu \frac{\partial \Omega}{\partial r}\right). \tag{3.45}$$

上の2式を組み合わせると，次のような角運動量輸送の式が得られる．

$$\frac{\partial}{\partial t}(2\pi r \Sigma_g j) = -\frac{\partial (\dot{J}+g)}{\partial r}, \tag{3.46}$$

$$\dot{J} = 2\pi r \Sigma_g j v_r = \dot{M}\,j, \tag{3.47}$$

$$g = \pi r^2 \Sigma_g \times \nu r \frac{\partial \Omega}{\partial r} = 3\pi \Sigma_g r^2 \nu \Omega. \tag{3.48}$$

ここで $j = \sqrt{GM_* r}$ は単位質量あたりの角運動量で，ここではダストの運動を考えるわけではなく，ガスの運動を考えるので，小さい η を無視して，$\Omega = \Omega_K$

---

[18] Shakura, N. I. & Sunyaev, R. A., *Astronomy and Astrophysics* **24**, 337 (1973) によって，ブラックホールまわりの降着円盤に対する粘性モデルとして提案されたものである．

とした（式 (3.34) 参照）．上式で，g は半径 r の円筒面に働く粘性トルクである．また，

$$\dot{M} = 2\pi r \Sigma_{\rm g} v_r \tag{3.49}$$

は半径 r の円筒面を単位時間に通過する質量の流量であり[19]，$\dot{j}$ は流体が r 方向に移動することで，半径 r の円筒面を単位時間に運ばれる角運動量を表す．上記の角運動量輸送式 (3.46) は，半径 $r \sim r+dr$ の円環内にある角運動量 $2\pi r dr \Sigma_{\rm g} j$ が物質の移流と粘性トルクにより変化し，その変化量はそれらが上流から入ってくる分と下流に出て行く分の差し引きで決まるということを示している．

質量輸送

式 (3.45) より，円盤ガスの r 方向の移動速度は具体的に

$$v_r = -\frac{3\nu}{r}\left(\frac{\partial \ln(\Sigma_{\rm g}\nu r^{1/2})}{\partial \ln r}\right) = -\frac{3\nu}{r}\left(\frac{1}{2} + \frac{\partial \ln(\Sigma_{\rm g}\nu)}{\partial \ln r}\right) \tag{3.50}$$

と求まる．この式を式 (3.49) に代入すると，

$$\dot{M} = -6\pi \Sigma_{\rm g}\nu\left(\frac{\partial \ln(\Sigma_{\rm g}\nu r^{1/2})}{\partial \ln r}\right) = -3\pi\left(\Sigma_{\rm g}\nu + 2r\frac{\partial \Sigma_{\rm g}\nu}{\partial r}\right). \tag{3.51}$$

式 (3.50) において log の項は，定常状態では通常 $\sim O(1)$ なので，$v_r \sim -\nu/r$ となる．これは以下のように理解できる．円盤角運動量は粘性 ν によって r 方向に拡散し，その拡散時間は $t_{\rm diff} \sim r^2/\nu$ である．したがって，角運動量の拡散速度は $\sim (r/t_{\rm diff}) \sim r/(r^2/\nu) \sim \nu/r$ となる．一方，角運動量を失ったガスはその分だけ中心星のほうに落ちていくので，結局，質量の移動速度 v_r は角運動量の拡散速度 $\sim -\nu/r$ とほぼ同じになる．

定常状態では，$\dot{M}$ は r に依存しないはずである．依存したら円環への $\dot{M}$ の出入りの差し引きがゼロにならないので，その円環の質量が時間変化するからである．式 (3.51) から，定常状態では $\partial(\Sigma_{\rm g}\nu)/\partial r = 0$ を満たすことがわかる．一方で，式 (3.40) と式 (3.26) から，α が定数の場合，$\nu \propto r$ となることがわか

---

[19] これは円盤内を中心星に向かって流れる質量を意味するが，こうして流れる物質はやがて中心星に付加するので，中心星の質量変化率を念頭に置いて $\dot{M}$ という文字が慣例的に用いられている．また，こうした質量移動現象を「円盤降着」と呼ぶ．

る[20]．したがってこの場合，定常状態では $\Sigma_g \propto r^{-1}$ となる．ちなみに観測データは，太陽系復元モデルの $\Sigma_g \propto r^{-3/2}$ よりも，$\alpha =$ 一定の定常解 $\Sigma_g \propto r^{-1}$ のほうを支持している．

3.3.2　質量分布進化

円盤面密度の進化

前項で円盤降着の定常状態について述べたが，円盤全体に質量供給がなければ，完全な定常状態は維持できない．実際には $\Sigma_g \propto 1/r$ を保ちながら，だんだんと Σ_g が減少していく「準定常状態」が実現されると考えられる．このとき円盤サイズ自身は，角運動量の保存により拡大していくことになる．このあたりの円盤の面密度の進化を詳しく求めてみよう．

式 (3.50) を式 (3.44) に代入すると，

$$\frac{\partial \Sigma_g}{\partial t} - \frac{1}{r}\frac{\partial}{\partial r}\left[3r^{\frac{1}{2}}\frac{\partial}{\partial r}\left(\Sigma_g \nu r^{\frac{1}{2}}\right)\right] = 0 \quad (3.52)$$

となる．これが円盤ガス面密度の進化を記述する拡散方程式である．

自己相似解

前項と同様に，$\nu \propto r$ の場合を考えよう．この場合，式 (3.52) には解析解が存在する．式 (3.52) を式 (3.46) の g と単位質量あたりの角運動量 $j = \sqrt{GM_* r}$ を使って変形すると，

$$\frac{\partial g}{\partial t} = \frac{3\nu(GM_*)^2}{4j^2}\frac{\partial^2 g}{\partial j^2} = \frac{3\nu GM_*}{4r}\frac{\partial^2 g}{\partial j^2} \quad (3.53)$$

となる．これは，座標系 j（r ではない）での粘性トルク g の拡散方程式に他ならない．拡散係数は $\kappa_g = 4r/3\nu GM_*$ であるが，もとの拡散係数 ν を j 座標に変換したものなので，$\kappa_g \sim (j^2/r^2)\nu \sim GM_*\nu/r$ となることは正確な変形をしなくとも理解できる．$\nu \propto r$ の場合，κ_g は定数なので式 (3.53) は定数係数の 1 次元拡散方程式となり，$j=0$ で $g=0$ という境界条件をおけば，

---

[20] ここでは，$T \propto r^{-1/2}$ も仮定している．一方，粘性加熱円盤内部の温度分布の式 (3.22) を見ると，α や κ が定数の場合，$T \propto r^{-9/10}$ であることがわかる．このときは，$\nu \propto r^{0.6}$，$\Sigma \propto r^{-0.6}$ となる．しかし仮に $\alpha \propto r^{-2}$ であれば，粘性加熱円盤でも $\nu \propto r$, $\Sigma \propto 1/r$ となる．

$$g = Cj\tilde{t}^{-3/2}e^{-(j/j_d)^2/\tilde{t}}, \tag{3.54}$$

$$\tilde{t} = \frac{4}{\kappa_g j_d^2}t + 1 \tag{3.55}$$

のように解析的に解ける．ここで C, j_d は積分定数．

この解析解を g, j から Σ_g, r の形に戻すと，

$$\Sigma_g = \frac{C\tilde{t}^{-3/2}}{3\pi\nu_d(r/r_d)}\exp\left(-\frac{r}{\tilde{t}r_d}\right), \tag{3.56}$$

$$\tilde{t} = \frac{t}{(r_d^2/3\nu_d)} + 1 \tag{3.57}$$

となる．r_d は j_d に対応する半径で，ν_d は r_d における ν の値．積分定数 C を求めておこう．$t = 0$ における円盤質量は，

$$M_{d,0} = \int 2\pi r\Sigma_g|_{\tilde{t}=1}dr = \frac{2Cr_d}{3\nu_d}\int_0^\infty \exp\left(-\frac{r}{r_d}\right)dr = \frac{2Cr_d^2}{3\nu_d} \tag{3.58}$$

なので，$C = 3\nu_d M_{d,0}/2r_d^2$ と求まる．これを式 (3.57) に代入すると，以下の形になる：

$$\Sigma_g = \frac{M_{d,0}}{2\pi r_d^2}\left(\frac{r}{r_d}\right)^{-1}\tilde{t}^{-3/2}\exp\left(-\frac{r}{\tilde{t}r_d}\right), \tag{3.59}$$

$$\tilde{t} = \frac{t}{t_{\text{diff}}} + 1;\ t_{\text{diff}} = \frac{r_d^2}{3\nu_d}. \tag{3.60}$$

Σ_g は r が小さいところでは $1/r$ に比例し，$r \gtrsim r_d\tilde{t}$ で指数関数的に落ちて行く．$r_d\tilde{t}$ を「円盤サイズ」と呼ぶことにしよう．円盤サイズはどんどん拡大し，Σ_g は，内側領域では $1/r$ の依存性を保ちながら一様に下がっていくことになる．図 3.4 に具体的に時間変化を示した．さらに $r_t = r_d\tilde{t}$, $\Sigma_{g,t} = \Sigma_g/\tilde{t}^{5/2}$ とすると，

$$\Sigma_{g,t} = \frac{M_{d,0}}{2\pi r_d^2}\left(\frac{r_t}{r_d}\right)^{-1}\exp\left(-\frac{r_t}{r_d}\right) \tag{3.61}$$

となり，時間に陽に依存しない形になる．つまり Σ_g の解は，式 (3.61) の関数形を各時間ごとにある比率で縦横に伸ばしたり縮めたりした形になっているということであり，そのような解を一般に「自己相似解」と呼ぶ．

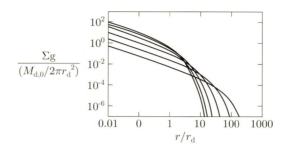

図 3.4 ガス面密度分布 Σ_g の時間変化の自己相似解．左端で一番大きな値のものから，$t = 0, 0.1, 0.3, 1, 3, 10 t_{\mathrm{diff}}$ の場合の分布．横軸は $t = 0$ での円盤サイズ r_d で規格化した中心星からの距離．縦軸は Σ_g を式 (3.60) の先頭にかかっている係数で割った無次元数．定義から，$t = 0, r/r_d = 1$ では縦軸は 1 の値をとる．

円盤降着率

この自己相似解では $\nu \propto r$ なので，$\Sigma_g \propto 1/r$ となる内側領域での $\dot{M}$ の具体的な値は，式 (3.51) より，

$$\dot{M} \simeq 3\pi \Sigma_g \nu \tag{3.62}$$

となり，10AU で太陽系復元モデルと Σ_g の値が一致するとすると，

$$\dot{M} \simeq 10^{-8} \left(\frac{\alpha}{10^{-3}}\right)^{1/8} \left(\frac{L}{L_*}\right)^{1/8} M_\odot / 年 \tag{3.63}$$

となる．この値は若い星（T タウリ型星）のまわりの円盤での質量値の典型的な値に一致している．

ここまで α は定数として扱ってきた．乱流の原因としては，磁気回転流体不安定 (MRI) が有力視されているが，実際には，円盤の中には磁気回転流体不安定が起こらずに乱流が弱い領域（デッド・ゾーンと呼ぶ）が存在するのではないかと考えられている．その領域では当然，α の値はオーダーで小さくなるであろう．その問題はかなり複雑だが，現在，活発に議論が続いており，本書では踏み込まないことにする．

3.3.3 円盤ガスの消失

粘性による散逸

円盤の消失には，これまで議論した粘性拡散が基本的役割を果たし，進化の

後半においては光蒸発と呼ばれる過程が効く可能性があると考えられている.

まずは粘性拡散を考える.前項で述べた粘性拡散についての円盤の自己相似解は,面密度の r 依存性など観測的なデータとも一致するところが多いので,以下,自己相似解を使う.なお,自己相似解に従わなくても,円盤が典型的なサイズ r_d をもつ分布に従うならば,以下の議論は数係数を別にして同様に成り立つ.

式 (3.56) と式 (3.57) を見ると,時間が $t \gtrsim r_\mathrm{d}^2/(3\nu_\mathrm{d})$ になったときに初期面密度が減り始めることがわかるので,拡散による円盤全体の寿命は

$$t_\mathrm{dep} \sim \frac{r_\mathrm{d}^2}{3\nu_\mathrm{d}} \tag{3.64}$$

と見なすことができる.式 (3.52) からも,r での局所的な拡散時間は $t_\mathrm{diff} \sim r^2/(3\nu)$ であることはわかる.しかし,$r \ll r_\mathrm{d}$ の内側領域では,その時間スケールで円盤ガスが流出しても外側から同じような時間スケールで円盤ガスが流入するので,その場所での円盤面密度は減らない.ところが,$r \sim r_\mathrm{d}$ ではその外側に円盤ガスが十分にないので,円盤面密度が減る.そして,そこより内側へのガス供給を次々と止めていくことになる.結局,$r \sim r_\mathrm{d}$ での拡散時間,つまりは式 (3.64) で与えられる t_dep が円盤全体の面密度減少の時間スケールを決めることになる.この拡散時間は円盤サイズと粘性だけで決まり,円盤の面密度の大きさに依存しないことに注意.

別の見方をしてみよう.自己相似解の場合,$t=0$ での円盤の総質量 $M_\mathrm{d,0}$ は式 (3.59) より,

$$M_\mathrm{d,0} = 2\pi \Sigma_\mathrm{g,d} r_\mathrm{d}^2 \tag{3.65}$$

となる.ただし,$\Sigma_\mathrm{g,d}$ は $r = r_\mathrm{d}$ での面密度である.この総質量を粘性拡散によって中心星に落とす時間は

$$t_\mathrm{dep} \sim \frac{M_\mathrm{d}}{\dot{M}} \sim \frac{2\pi \Sigma_\mathrm{g,d} r_\mathrm{d}^2}{3\pi \Sigma_\mathrm{g,d} \nu_\mathrm{d}} \sim \frac{2 r_\mathrm{d}^2}{3\nu_\mathrm{d}} \tag{3.66}$$

となって,当然ではあるが,式 (3.64) とほぼ同じになる.この式からわかるように,重い(Σ_g が大きい)円盤では,質量輸送率も Σ_g に比例して高くなるので,拡散時間から Σ_g の依存性が消えてしまうのである.

具体的に拡散による寿命の値を計算すると,

$$t_{\rm dep} \sim \frac{r_{\rm d}^2}{3\nu_{\rm d}} \sim \frac{1}{3\alpha}\left(\frac{r_{\rm d}}{h_{\rm d}}\right)^2 \frac{T_{\rm K}(r_{\rm d})}{2\pi} \tag{3.67}$$

$$\sim 3 \times 10^6 \left(\frac{\alpha}{10^{-3}}\right)^{-1} \frac{r_{\rm d}}{100{\rm AU}} \text{ 年} \tag{3.68}$$

となる．α や $r_{\rm d}$ の値は観測からの推定に大きな不定性があり，ここの値の組み合わせがもっともらしいのかは不明であるが，円盤の寿命自体は観測から数百万年程度と推定されていて，上記の見積もりと一致する．

光蒸発

次に光蒸発を考える．中心星や外部の恒星が発する光には，特に主系列に入る前の段階において，遠紫外線，極端紫外線，X線などの高エネルギー成分が多く含まれている．このような光がガスに衝突すると，極端紫外線の場合はガスは1万K程度に加熱され，遠紫外線とX線の場合は100〜1000K程度に加熱される．中心星から離れた場所では，このことによる熱エネルギーでガス粒子の熱運動速度が大きくなって，ガスは中心星重力を振り切って系外に飛んで行く．これを「光蒸発」と呼ぶ．

円盤ガスの単位質量あたりの公転運動エネルギーと重力ポテンシャルエネルギーの和は $e = v_{\rm K}^2/2 - GM_*/r \sim -(1/2)GM_*/r$ となる．ここで，ガスは（近似的に）円ケプラー運動をしていると仮定した．単原子分子からなるガスが断熱変化する場合，単位質量あたりのガスのエンタルピーは $w = (3/2)kT/m + P/\rho = (5/2)P/\rho = (3/2)c_s^2$ と書ける．ただし，c_s は音速である．光蒸発の条件は $w > e$ なので，

$$r > r_{\rm g} = \frac{1}{3}\frac{GM_*}{c_s^2} \tag{3.69}$$

の領域では光蒸発が起こることになる．極端紫外線の場合 $(T \sim 10^4{\rm K})$ は，$r_{\rm g}$ は数AUとなる．遠紫外線やX線の場合はもうちょっと低温で，$r_{\rm g}$ はそれに従って大きくなるが，この場合の $r_{\rm g}$ は極端紫外線の場合のようにぴたっと決まらず，かなりの不定性がある．

観測からは，太陽質量程度の中心星の光蒸発による円盤ガスの減少率は，極端紫外線の場合，$10^{-10}M_\odot/{\rm yr}$ 程度と推定されている．これは，粘性拡散の $\dot{M} \sim 10^{-8}M_\odot/{\rm yr}$ に比べてかなり小さい．よって光蒸発は，円盤ガスが相当散逸して $\dot{M}$ が下がりきってからでないと効かないと考えられる．遠紫外線やX線による円盤ガス蒸発率は $\sim 10^{-8}M_\odot/{\rm yr}$ と推定されているが，$r_{\rm g}$ が比較的大

きいので，円盤サイズを減少させるという形で影響するかもしれない．外部からの光蒸発は，外部の高質量星からの距離などに依存し，一概にはわからない．

3.4 ダストの運動

円盤の組成は銀河系の組成を反映しており，ビッグバンのときに主に形成された H, He が全体のほとんどの質量を占める．一方，銀河系形成後に恒星内の核融合反応で生成されて，恒星進化終期に再び銀河系にまき散らされた重元素（H, He より重い元素）は，時間とともに増えてきている．太陽の場合，重元素の質量は全体の 1% あまりであり，その内訳は重量%で，O が 0.69%，C が 0.24%，Ne が 0.18%，Fe が 0.13%，N, Mg, Si がそれぞれ 0.07 – 0.08% などとなっている．太陽ではもちろんこれらの重元素もガスになっているが，円盤では温度が低いので，これら重元素がもとになって固体微粒子（ダスト）が凝縮する．ダストの凝縮サイズは，0.1〜1 μm くらいである．

円盤のガス密度は，太陽系復元モデルでは 1AU で $\sim 10^{-9} \mathrm{g\,cm^{-3}}$ 程度というもので，星間空間に比べたら高いが，惑星大気に比べたら極めて低い密度である．ガスの圧力も 1AU 付近で 10^{-4} 気圧程度と低圧である．したがって，ダストの凝縮温度は低めになる．1300〜1500 K 以下では Fe などの金属や Mg_2SiO_4 などのケイ酸塩が凝縮し，地球型惑星の原材料となる．一方，存在量が多いものの揮発性が高い元素である O, C, N はかなりの低温でなければ凝縮せず，150〜170 K 以下で H_2O，100K 以下で NH_3，CO_2 が凝縮する．150〜170 K という温度は，光学的に薄い円盤では 3AU 程度に対応する．H_2O の氷ダストの凝縮量はケイ酸塩ダストと同程度以上あるので，氷ダストは巨大ガス惑星の固体コアの主な材料物質として重要な役割を果たす．

地球は H_2O の海に覆われていて「水の惑星」かと勘違いするが，表面に海として存在する H_2O 量は地球の全質量の 0.02%ほどしかない．単純には H_2O 氷ダストは 3AU 以遠の低温領域で凝縮するはずなので，地球の H_2O はどこから来たのかは明らかになっていない．ちなみに，地球における C や N の量も太陽組成から推定される量よりも何桁も少なく，それらはさらに遠方の低温の領域で凝縮するはずなので，H_2O 同様にどこから来たのかはよくわかっていない．

ダストは，サイズが小さいときにはガスからの（摩擦）抵抗力が強く，ガス

に引きずられてガスと一緒に運動している．ダスト同士の衝突合体によりダストのサイズと質量が大きくなると，次第にガスとは独立に運動するようになり，ゆっくりと円盤赤道面に沈殿していく．ただし，円盤ガスは乱流状態にあると考えられるので，沈殿には限界があると考えられている．一方で，ダストはガス抵抗によって角運動量を失うため，中心星方向に移動する．メートル・サイズまで成長した「ダスト」は100年程度以内で中心星に落ちてしまうと見積もられるので，そのままでは惑星の材料になることができない．いったん微惑星になってしまえば（単位質量あたりの）ガス抵抗は非常に弱くなるので，落ちずに生き残ることができる．しかし，ダストから微惑星に至る過程に関しては，さまざまなアイデアが提出されているがまだ明確な答えは得られておらず，惑星形成理論における大きな問題となっている．以下ではその問題点も踏まえながら，ガス抵抗によるダストの軌道進化，合体成長のプロセスの基礎物理を記述する．

3.4.1　ガス抵抗則

半径 d，内部物質密度 ρ_s，質量 $m_d = (4\pi/3)\rho_s d^3$ をもつダスト粒子1個が静止しているとする．ここに，密度 ρ_g，音速 c_s，平均自由行程 l_g のガスが速度 Δu で直線的に流入するとしよう．この場合にダスト粒子が受けるガス抵抗を見積もってみる．

非粘性流体領域

ダスト半径が十分大きい場合を最初に考える（具体的条件は後で説明する）．この場合は，ガスは非粘性流体として考えてよい．単位時間あたりにダストに入射するガスの体積は，幾何断面積 πd^2 に相対速度 Δu をかけたものになる．ダストに入射したガスは運動量をすべてダストに渡すと仮定する．単位質量あたりのガスの運動量は Δu なので，単位時間あたりのダストへの運動量輸送量，つまりガス抵抗力は

$$F_{\mathrm{drag}} \sim \pi d^2 \Delta u \cdot \rho_g \cdot \Delta u. \tag{3.70}$$

となる．もともとダストがもっていた運動量は $m_d \Delta u$ なので，ダストがガスの運動に馴染んでしまう時間スケール τ_s(stopping time) は，

$$\tau_s = \frac{m_d \Delta u}{F_{\mathrm{drag}}} \sim \frac{(4\pi/3)\rho_s d^3 \Delta u}{\pi d^2 \rho_g (\Delta u)^2} \sim \frac{\rho_s d}{\rho_g \Delta u} \rightarrow \frac{8\rho_s d}{3\rho_g \Delta u} \tag{3.71}$$

となる．最後に加えた 8/3 の数ファクターは厳密に計算した結果から出てくるものである．

ストークス領域

ダスト半径が小さくて $d \lesssim (c_s/\Delta u)l_g$ となる場合，レイノルズ (Reynolds) 数 $\mathcal{R}_e$ は $\mathcal{R}_e \sim d\Delta u/\nu \sim d\Delta u/c_s l_g \lesssim 1$ となるので，粘性流体としての近似が必要となる．逆に言うと，$d \gg (c_s/\Delta u)l_g$ の場合は $\mathcal{R}_e \gg 1$ なので，非粘性流体として扱ってよい．粘性流体では物体近傍の流体は物体と一緒に動こうとするので，物体と一体のように振る舞う．結果として，抵抗を受ける断面積が実効的に大きくなる．半径 d の代わりに粘性境界層の厚み $d/\sqrt{\mathcal{R}_e}$ を使うと，

$$F_{\text{drag}} \sim \pi \frac{d^2}{\mathcal{R}_e} \Delta u \cdot \rho_g \cdot \Delta u, \tag{3.72}$$

$$\tau_s \sim \frac{\rho_s d}{\rho_g \Delta u} \mathcal{R}_e \sim \frac{\rho_s d^2}{\rho_g c_s l_g} \to \frac{2\rho_s d^2}{3\rho_g c_s l_g} \tag{3.73}$$

と評価できる．これは，「ストークス (Stokes) 則」として知られている（係数 2/3 は厳密な計算による）．平均自由行程は $l_g \sim 1/(\sigma n_g) \propto 1/\rho_g$ なので（σ はガス分子同士の衝突断面積で，n_g はガス数密度；2.3 節参照），ストークス則では τ_s がガス密度に依存しないという著しい特徴がある．

太陽系復元モデルと光学的に薄い円盤の温度分布を使うと，$l_g \sim 1 \times (r/1\text{AU})^{11/4}$ cm で，$c_s l_g/\Delta u \sim$ 数 $10 \times (r/1\text{AU})^{5/2}$ cm となる．ここで，$\Delta u \sim \eta v_{\text{K}}$ として見積もった．1AU 近傍では，ストークス則は数十 cm 以下のダストに適用できることになる．

エプスタイン領域

さらに小さい cm 以下のサイズのダストを考えると，$d \lesssim l_g$ となって，ダストとの相互作用において円盤ガスは流体近似ができなくなり，ガス分子を速度 c_s で飛び回る粒子として扱うほうが適切となる．流体ではないので粘性境界層の話はなくなり，再び断面積は幾何断面積となるが，飛び込んでくる速度はマクロな流体速度 Δu ではなく，ミクロな分子の速度 c_s になる．ガスは全体としては Δu で流れており，ガス分子は流れに乗ると等方的に飛び回っているので，ガスが与える平均的な単位質量あたりの運動量は，$\langle c_s + \Delta u \rangle \sim \Delta u$ となる．したがって，

$$F_{\mathrm{drag}} \sim \pi d^2 c_s \cdot \rho_\mathrm{g} \cdot \Delta u, \tag{3.74}$$

$$\tau_\mathrm{s} = \frac{m_\mathrm{d} \Delta u}{F_{\mathrm{drag}}} \sim \frac{m_\mathrm{d} \Delta u}{\pi d^2 c_s \rho_\mathrm{g} \Delta u} \sim \frac{(4\pi/3)\rho_\mathrm{s} d^3}{\pi d^2 c_s \rho_\mathrm{g}} \sim \frac{\rho_\mathrm{s} d}{\rho_\mathrm{g} c_s} \tag{3.75}$$

となる．これを「エプスタイン (Epstein) 則」と呼ぶ．

このように，ダストのサイズによってガス抵抗力の関数形は異なる．

3.4.2 ガス・ダスト 2 成分流体の運動

基礎方程式

それでは，ガス抵抗が働く場合に，ガスとダストのそれぞれの運動を 2 成分流体として記述しよう．ダスト，ガスの速度をそれぞれ $\boldsymbol{u}$, $\boldsymbol{U}$ とすると，それぞれの運動方程式は

$$\frac{d\boldsymbol{u}}{dt} = -\frac{\boldsymbol{u} - \boldsymbol{U}}{\tau_\mathrm{s}} - \left(\frac{GM_*}{r^3}\right)\boldsymbol{r}, \tag{3.76}$$

$$\frac{d\boldsymbol{U}}{dt} = -\frac{\rho_\mathrm{d}}{\rho_\mathrm{g}}\frac{\boldsymbol{U} - \boldsymbol{u}}{\tau_\mathrm{s}} - \left(\frac{GM_*}{r^3}\right)\boldsymbol{r} - \frac{1}{\rho_\mathrm{g}}\nabla P \tag{3.77}$$

のように書ける．ここで，ρ_d はダストの空間密度，P はガスの圧力である．右辺第 1 項は前節で求めた，ガス・ダスト間の抵抗力とその反作用を表す．

円盤ガスが乱流状態の場合は，式 (3.77) の右辺に乱流応力が加わる．その乱流運動を空間平均して，ガスの平均流を記述する方程式だとすれば，乱流の項は粘性項で置き換えることができる．しかし，乱流運動はガス抵抗を通してダストの運動に影響する（具体的にはダストを撹拌して，円盤赤道面への沈殿を阻害する）ので，ダストの運動に関しては，乱流が強ければ，その効果は空間平均できない．

式 (3.76), (3.77) より，抵抗がない場合 ($\tau_\mathrm{s}^{-1} = 0$) は，ダストはケプラー角速度 Ω_K でまわり，ガスはケプラー角速度よりやや遅い角速度 $\Omega = \Omega_\mathrm{K}(1 - \eta)$ でまわることがわかる（3.2.2 項参照）．太陽系復元モデルの音速（式 (3.30)），密度（式 (3.39)）を使うと，$P = \rho_\mathrm{g} c_s^2$ なので，

$$\eta \simeq 1.8 \times 10^{-3} \left(\frac{r}{1\mathrm{AU}}\right)^{1/2} \tag{3.78}$$

となる（$L_* = L_\odot$ とした）．$\eta \ll 1$ なので，円盤ガスの運動のみを考えるとき

はケプラー回転と近似できるが，本節のようにダストと円盤ガスの相互作用を考えるときは，この η の分の微妙なずれがガス抵抗の原因になるので，無視できない．

円盤ガスの乱流運動が無視できる場合は，$\boldsymbol{u} - \boldsymbol{U} = \eta v_\mathrm{K} \boldsymbol{e}_\phi$ となる（ここで $\boldsymbol{e}_\phi$ はダストや円盤の回転方向の単位ベクトル）．このとき，ダストが十分に小さい場合は $\tau_\mathrm{stop} \ll T_\mathrm{K}$ となるので，ダストは終端速度で運動することになる．式 (3.76), (3.77) で $\partial/\partial t = 0$ とし，$|u_r|, |u_\phi - v_\mathrm{K}|, |u_z| \ll v_\mathrm{K}$ を仮定して解くと，ダストの運動は，

$$u_r = -\frac{2\tau_\mathrm{s}\Omega_\mathrm{K}}{1 + (\tau_\mathrm{s}\Omega_\mathrm{K})^2}\eta v_\mathrm{K}, \tag{3.79}$$

$$u_\phi = v_\mathrm{K} - \frac{1}{1 + (\tau_\mathrm{s}\Omega_\mathrm{K})^2}\eta v_\mathrm{K}, \tag{3.80}$$

$$u_z = -(\tau_\mathrm{s}\Omega_\mathrm{K})\Omega_\mathrm{K} z \tag{3.81}$$

のように解ける．ここで，$\tau_\mathrm{s}\Omega_\mathrm{K}$ は無次元パラメータ[21]で，メートルサイズ以下のダストでは $\tau_\mathrm{s}\Omega_\mathrm{K} \lesssim 1$ となる．また，ダストが十分に沈殿する前の段階を考えることとして，$\rho_\mathrm{g} \gg \rho_\mathrm{d}$ とした．[22]

ダストには ϕ 方向にガス抵抗がかかっているので，ケプラー回転から微妙に減速されている（式 (3.80)）．r 方向では，基本的に中心星重力の r 成分と遠心力が釣り合っているのだが，上記ガス抵抗によって角運動量が失われていくので，ηv_K に比例する内向きの速度が生じている（式 (3.79)）．z 方向には，中心星重力の z 成分がかかっているので，円盤赤道面への沈殿が起こる．ガス抵抗があるため，自由落下ではなく，ゆっくりと沈殿していく（式 (3.81)）．

沈殿・動径移動経路

まずは乱流が無視できる場合を考えよう．式 (3.79), (3.81) より，

$$\frac{u_r}{u_z} = \frac{2\eta}{1 + (\tau_\mathrm{s}\Omega_\mathrm{K})^2}\frac{r}{z}. \tag{3.82}$$

となる．$\eta \sim O(10^{-3})$ で，はじめは $z/r \sim h/r \sim O(10^{-1})$ なので，$|u_z| > |u_r|$

---
[21] ストークス (Stokes) 数と呼ぶときもある．
[22] 一般の $\rho_\mathrm{d}/\rho_\mathrm{g}$ の値の場合の表式は，Nakagawa, Y., Sekiya, M. & Hayashi, C., *Icarus* **67**, 375 (1986) を参照のこと．

であり,沈殿が卓越する.沈殿が進行して $z < 2\eta r$ となると $|u_r| > |u_z|$ となり,r 方向の移動が卓越するようになる.

沈殿

沈殿時間(ダストがそのとき存在している高さ z くらいの距離を沈殿する時間)は,

$$\tau_{\mathrm{sed}} = \left| \frac{z}{u_z} \right| = \frac{1}{2\pi}(\tau_{\mathrm{s}}\Omega_{\mathrm{K}})^{-1}T_{\mathrm{K}} \tag{3.83}$$

となる.沈殿速度は z に比例するので,τ_{sed} から z 依存性が消えた.そのため,初期の高さ z_0 の 10^{-p} 倍まで沈殿するのに必要な時間は $2.3p\tau_{\mathrm{sed}}$ となる.$\tau_{\mathrm{s}} \propto d$ または $\tau_{\mathrm{s}} \propto d^2$ なので,サイズが大きなダストほど速く沈殿することになる.エプスタイン則の領域(cm サイズ以下)では $\tau_{\mathrm{s}} \propto 1/(\rho_{\mathrm{g}}c_{\mathrm{s}})$ となるが,太陽系復元モデルでは $\rho_{\mathrm{g}} \propto r^{-11/4}$,光学的に薄い円盤では $c_{\mathrm{s}} \propto r^{-1/4}$ であり,$T_{\mathrm{K}} \propto r^{3/2}$ であることを考えると,τ_{sed} の r 依存性も消えることがわかる.

動径移動 – ダスト落下問題

次に,r 方向への移動を考える.メートルサイズ以下のダストの場合,$\tau_{\mathrm{s}}\Omega_{\mathrm{K}} < 1$ なので,式 (3.79),(3.80) は

$$u_r \simeq -2(\tau_{\mathrm{s}}\Omega_{\mathrm{K}})\eta v_{\mathrm{K}}, \tag{3.84}$$

$$u_\phi \simeq (1-\eta)v_{\mathrm{K}} \tag{3.85}$$

のように近似できる.$\tau_{\mathrm{s}}\Omega_{\mathrm{K}} < 1$ ということは抵抗が強いということなので,u_ϕ はガスの運動速度と一致している.r 方向への移動は,ダストサイズが大きくなるにしたがって(τ_{s} が長くなるので)速くなる.ところが,ダストがメートルサイズを越えると $\tau_{\mathrm{s}}\Omega_{\mathrm{K}} > 1$ なので,式 (3.79),(3.80) は

$$u_r \simeq -2(\tau_{\mathrm{s}}\Omega_{\mathrm{K}})^{-1}\eta v_{\mathrm{K}} \tag{3.86}$$

$$u_\phi \simeq v_{\mathrm{K}} \tag{3.87}$$

と異なる形になる.この場合は抵抗が弱いので,u_ϕ はケプラー運動をする.r 方向への移動は,ダストサイズが大きくなるに従って,今度は遅くなる.

ダストが十分小さい場合 ($\tau_{\mathrm{s}}\Omega_{\mathrm{K}} < 1$) には,ダストサイズが大きくなるにし

たがって $|u_r|$ は大きくなり，ダストが十分大きい場合 ($\tau_s\Omega_K > 1$) には，$|u_r|$ は小さくなった．移動の時間スケールは，

$$\tau_{\mathrm{mig}} \sim \frac{r}{|u_r|} \simeq \frac{T_K}{4\pi\eta} \times \begin{cases} (\tau_s\Omega_K)^{-1} & [\tau_s\Omega_K < 1 \text{ のとき}] \\ (\tau_s\Omega_K) & [\tau_s\Omega_K > 1 \text{ のとき}] \end{cases} \quad (3.88)$$

である．つまり，ダストの r 方向の移動速度は $\tau_s\Omega_K \sim 1$ のとき最大になり，そのときの移動速度および移動時間は

$$u_r \simeq -\eta v_K = -\eta \frac{4\pi r}{T_K}, \quad (3.89)$$

$$\tau_{\mathrm{mig}} \simeq \frac{r}{|u_r|} \simeq \frac{T_K}{4\pi\eta} \quad (3.90)$$

となる．1AUで $\eta \sim 0.002$ だったが，その場合の落下時間は100年未満という極めて短いものになってしまう（r が小さいほど τ_{mig} は短くなるので，この時間スケールが実際に落下する時間にほぼ等しい）．つまり，ダストが成長してメートルサイズに達すれば100年未満でなくなってしまうことになり，円盤に保持されたままでダストが成長するのは非常に難しいということを意味する．この「ダスト落下問題」は，「惑星落下問題」と並んで，惑星形成理論の最大の問題点である．

乱流による巻き上げ

乱流の効果を考えてみよう．乱流があると，ダストは赤道面から巻き上げられてしまい沈殿には限界ができてしまう．乱流による高さ方向の拡散速度は $u_{\mathrm{diff}} \sim z/(z^2/\nu) \sim \alpha h^2 \Omega_K/z$ であり，これと u_z が釣り合う高さは

$$h_d \sim \min\left(\sqrt{\frac{\alpha}{\tau_s\Omega_K}}, 1\right) h \quad (3.91)$$

となる．min の項は，h_d は h より大きくなれないことを表すための修正項である．当然のことであるが，小さなダストほど $\tau_s\Omega_K$ が小さいので，巻き上げの効果が効くことがわかる．

乱流がないとき，沈殿フェイズから動径移動フェイズに切り替わるのは $z \sim 2\eta r \sim O(10^{-1})h$ であった．$\alpha \sim 10^{-3} - 10^{-2}$ と考えられているので，小さいダスト ($\tau_s\Omega_K \ll 1$) では，動径移動フェイズに入る前に乱流によって巻

き上げられてしまうことになる．別の言い方をすると，$\tau_s \Omega_K < \alpha$ となるセンチメートルサイズ程度以下のダストの場合は $h_d \sim h$ であり，ダストの成長にともなって $\tau_s \Omega_K$ が大きくなることによって，h_d が下がってくるという描像になる．

　動径方向にも乱流はダストの拡散をもたらすが，それは鉛直方向とは違って，単に内側と外側へ対称に拡散させるだけである．上で見積もった乱流のないときの u_r は，平均流の u_r と思ってよい．つまり「ダスト落下問題」は，乱流があったとしても解消されない．

3.5　ダストの合体成長と微惑星の形成

3.5.1　付着成長

　ここまで，ダストのサイズは一定としていたが，ダストはお互いに衝突すると合体して成長する．衝突したら必ず合体すると仮定して[23]ダスト粒子の質量 m_d の増加率を見積もると，

$$\frac{dm_d}{dt} \simeq \rho_d \pi d^2 \Delta u \simeq \frac{\Sigma_d}{2h_d} \pi d^2 \Delta u \tag{3.92}$$

となる．ここで，ρ_d はダストの空間密度，h_d はダスト層の厚み，Δu はダスト間の相対速度である．

　メートルサイズ以下のダスト（$\tau_s \Omega_K < 1$）に対応するエプスタイン／ストークス領域を考えると，大きなダスト粒子ほど落下速度や移動速度が大きい．したがって，まわりの粒子よりも大きなダストに注目すると，ダスト成長初期では Δu はその大きなダスト粒子自身の落下速度 $u_z [= -(\tau_s \Omega_K)(2\pi z/T_K)]$ で近似できる．乱流があってダストが沈殿しない場合は，乱流によって励起された速度もあるが，それは沈殿速度と同程度になるので，ここでは Δu に対しては沈殿速度で代表させることにする[24]．ダストが成長して沈殿が進んだ段階では，Δu は移動速度 $u_r [= -2(\tau_s \Omega_K)\eta v_K = -(\tau_s \Omega_K)(4\pi \eta r/T_K)]$ と u_z の大きい方になる．したがって，成長のタイムスケールは，

---

[23] ダスト間の衝突速度がある程度大きくなると，この仮定は成り立たなくなることに注意．特にケイ酸塩ダストは破壊しやすい．

[24] ダストがミクロン・サイズ程度以下の時には，落下速度が非常に小さいので，ブラウン運動による相対速度のほうが効くことに注意．

$$\tau_{\mathrm{grow}} = \frac{m_{\mathrm{d}}}{dm_{\mathrm{d}}/dt} = \frac{4}{3\pi}\frac{\rho_{\mathrm{s}}d}{\Sigma_{\mathrm{d}}}(\tau_{\mathrm{s}}\Omega_{\mathrm{K}})^{-1}T_{\mathrm{K}} \times \min\left(\frac{h_{\mathrm{d}}}{z}, \frac{h_{\mathrm{d}}}{2\eta r}\right) \qquad (3.93)$$

と見積もることができる．

以下，乱流がある場合を考える．

成長初期 ($\tau_{\mathrm{s}}\Omega_{\mathrm{K}} < \alpha$)

エプスタイン則が適用できるような小さなダスト粒子の成長時間を見積もってみよう．エプスタイン則の $\tau_{\mathrm{s}} \sim \rho_{\mathrm{s}}d/\rho_{\mathrm{g}}c_{\mathrm{s}}$ を使い，まだ沈殿していないので，$z \sim h_{\mathrm{d}} \sim h$ とすると，

$$\tau_{\mathrm{grow}} \sim \frac{4}{3\sqrt{2}\pi^{3/2}}\frac{\Sigma_{\mathrm{g}}}{\Sigma_{\mathrm{d}}}T_{\mathrm{K}} \sim \frac{40}{f_{\mathrm{ice}}}T_{\mathrm{K}} \qquad (3.94)$$

となる．ここで，$\Sigma_{\mathrm{g}} \sim \sqrt{2\pi}\rho_{\mathrm{g}}c_{\mathrm{s}}/\Omega_{\mathrm{K}}$（式 (3.28)），$h = c_{\mathrm{s}}/\Omega_{\mathrm{K}}$（式 (3.26)）と太陽系復元モデルの円盤ダスト・ガス比を使った．上式を見るとこの場合，成長時間はダストサイズにも円盤面密度にも依存しない．ただし，$T_{\mathrm{K}} \propto r^{3/2}$ なので，円盤内側領域ほどダスト成長が速いことになる．

移動時間は $\tau_{\mathrm{mig}} = (1/4\pi\eta)(\tau_{\mathrm{s}}\Omega_{\mathrm{K}})^{-1}T_{\mathrm{K}}$ なので，常に $\tau_{\mathrm{grow}} \ll \tau_{\mathrm{mig}}$ であることがわかる．つまり，この段階では沈殿する前に成長する．

成長中期 ($1 > \tau_{\mathrm{s}}\Omega_{\mathrm{K}} > \alpha$)

ダスト層は成長にともなって薄くなっていく．ストークス領域に入ると，$\tau_{\mathrm{s}} \sim 2\rho_{\mathrm{s}}d^2/3\rho_{\mathrm{g}}c_{\mathrm{s}}l_{\mathrm{g}}$ なので，τ_{grow} は $3l_{\mathrm{g}}/2d(<1)$ 倍となって成長は加速する．だが，さらに成長して非粘性流体領域になると成長は減速し，やがて移動のほうが勝るようになる．つまり，中心星に落ちてしまうことになる．

成長後期 ($\tau_{\mathrm{s}}\Omega_{\mathrm{K}} > 1$)

ダストはガスの運動と独立に運動できる「微惑星」となる．

非完全合体衝突

これまで完全合体衝突を仮定してきたが，センチメートルのダストで実現される衝突速度では，ケイ酸塩ダストは壊れたり，跳ね返ったりして，合体しにくいことが実験や数値シミュレーションから示されている．つまり，τ_{grow} はこ

こで見積もったよりももっと長くなることが予想される．

ダスト落下問題とは，ダストがメートルサイズくらいに成長すると，$\tau_{\rm mig}$ が円盤寿命に比べて何桁も短くなるという問題だった．しかし，常に $\tau_{\rm grow} < \tau_{\rm mig}$ であるならば，安全な $\tau_{\rm s}\Omega_{\rm K} \gg 1$ を満たすサイズにまで落ちないで成長できる．H_2O 氷ダストが糸くずの塊のようにすかすかな構造の場合は，$\rho_{\rm s}$ が小さくなることで $\tau_{\rm grow}$ が小さくなるので，この条件を満たして合体成長できる可能性が指摘されている[25]．一方で，ケイ酸塩ダストは衝突しても弾んでしまったり（跳ね返り障壁），破壊してしまいやすく（破壊障壁），依然としてケイ酸塩ダストから岩石微惑星を作る道筋は見えていない．

3.5.2 重力不安定

不安定が起こるダスト層の厚み

京都モデルやサフロノフ・モデルでは，ダストの赤道面への沈殿が進んでダスト層が自己重力不安定を起こし，キロメートルサイズの微惑星が形成されるというモデルを考えていた．仮にこれが実現されれば，中心星に落下してしまう危険なメートルサイズを一気に乗り越えてダスト落下問題は回避される．だが，近年の観測で示唆されている乱流状態にある円盤の中では，これも難しいということを示そう．

2.5.2 項で示したように，

$$Q = \frac{\Omega_{\rm K} c_s}{\pi G \Sigma} = \frac{\Omega_{\rm K}^2 h}{\pi G \Sigma} < 1 \tag{3.95}$$

となれば不安定が起こる．$h = h_{\rm d}, \Sigma = \Sigma_{\rm d}$ として，これをダスト層に適用してみよう．$\Sigma_{\rm d}$ は沈殿にともなって一定なので，ダスト層の厚み $h_{\rm d}$ が

$$h_{\rm d} \lesssim \frac{\pi G \Sigma_{\rm d}}{\Omega_{\rm K}^2} \sim \frac{\pi \Sigma_{\rm d} r^2}{M_*} r \tag{3.96}$$

を満たすまで薄くなると，ダスト層は自己重力で不安定を起こすと予想される．太陽系復元円盤では，$\pi \Sigma_{\rm d} r^2$ は 1AU で地球質量 ($M_\oplus \sim 3 \times 10^{-6} M_\odot$) 程度，5AU でも木星のコアの 10 地球質量程度になるはずなので，$\pi \Sigma_{\rm d} r^2 / M_* \sim 10^{-5}$

---
[25] Okuzumi, S., Tanaka, H., Kobayashi, H. & Wada, K. *Astrophysical Journal* **752**, article id. 106 (2012).

である．ガス円盤のスケールハイトは $h \sim 0.03(r/1\mathrm{AU})^{1/4}r$ なので（式 (3.31)），自己重力不安定が起こるためには，$h_\mathrm{d}/h \lesssim 10^{-4}$–$10^{-3}$ になる必要がある．

不安定波長は $\sim 2\pi h_\mathrm{d}$ だったので（式 (2.44)），不安定が起きるならば，分裂塊の質量は $m \sim \Sigma_\mathrm{d}(2\pi h_\mathrm{d})^2 \sim 4\pi \times \pi\Sigma_\mathrm{d} r^2 \times (h_\mathrm{d}/r)^2$ となり，1AU では $m \sim 4\pi M_\oplus \times (\pi\Sigma_\mathrm{d} r^2/M_*)^2 \sim 4\pi M_\oplus \times (M_\oplus/M_\odot)^2 \sim 10^{-10} M_\oplus$ となって，キロメートルサイズの微惑星が形成されることになる．

乱流の影響

しかし，3.4.2 項で示したように，乱流があると，

$$h_\mathrm{d} \sim \sqrt{\frac{\alpha}{\tau_\mathrm{s}\Omega_\mathrm{K}}}h \tag{3.97}$$

であり，センチメートルサイズに対応する $\tau_\mathrm{s}\Omega_\mathrm{K} \sim 10^{-4}$ のもとでは，α の見積もりの最小値 $\sim 10^{-4}$ を使っても，$h_\mathrm{d} \sim h$ である（メートルサイズのダストを考えても $h_\mathrm{d} \sim 0.01h$）．自己重力不安定が起こるのは，この状況では極めて難しい．

円盤の動径方向の非均一性による移動の停止や乱流渦へのダストの集中，高いダスト・ガス比の状況のもとでの不安定など，ここまでで考えられていない効果も議論されているが，いまのところ自己重力不安定が起こるのは簡単ではないように見える．

以上見てきたように，微惑星形成の標準モデルはいまだ確立していない．

3.6　微惑星の合体成長

3.5 節で見たように，ダストから微惑星にどのように成長するのかは，まだわからない部分が多い．しかし，微惑星の生き残りとも思える小惑星やカイパーベルトの小天体群が存在していることや，惑星や衛星の表面に残るクレーターの存在は，ダストが降り積ってではなく微惑星がより集まって惑星ができたことを強く示唆する．そもそもダストには，ガス抵抗により短い時間スケールで中心星に落下するという問題もあった．したがってここでは，ダストはそのほとんどがいったん微惑星になって，微惑星がビルディングブロックになって惑

星が集積するというモデルを考えることにする.[26]

この 3.6 節では，原始惑星が微惑星の衝突合体によって成長していく過程で重要となる物理過程を順々に見ていく．

3.6.1 成長時間

この節では，微惑星と原始惑星の相対速度を見積もり，微惑星の原始惑星への衝突が一般に破壊や跳ね返りではなく合体になることを示した上で，惑星の集積時間をおおざっぱに見積もる．

Particle-in-a-box 近似

微惑星にかかるガス抵抗は小さく，微惑星や原始惑星は稀にしか重力相互作用をしない．したがって微惑星の運動は，ほとんどの時間，中心星のまわりのケプラー運動（2.2.1 項参照）で記述できる．このケプラー軌道はガス抵抗によって連続的に少しずつ変化し，稀に微惑星同士が近づいたときに起こる重力散乱で断続的に変化する．

2.2.1 項の議論から，離心率 e や軌道面傾斜角が十分小さい $(e, i \ll 1)$ とき，微惑星の軌道は

$$r \simeq a - ea\cos(\varpi - \Omega_\mathrm{K} t), \qquad (3.98)$$

$$z \simeq ia\sin(\Omega - \Omega_\mathrm{K} t) \qquad (3.99)$$

と書けることがわかる．ϖ と Ω は近点の方向や軌道面が傾く方向を表す定数．したがって，微惑星の速度分散 v_disp を基準平面内の円軌道からのずれと定義すると，おおざっぱに，

$$v_\mathrm{disp} \sim \sqrt{e^2 + i^2}\, v_\mathrm{K} \qquad (3.100)$$

と書くことができる．ここで v_K はケプラー速度で，$v_\mathrm{K} = a\Omega_\mathrm{K}$.

厳密に言えば，軌道離心率 e，軌道面傾斜角 i の進化を追い，ケプラー軌道でまわっている微惑星と原始惑星の衝突を考えるべきであるが，詳しい解析によ

---

[26] 微惑星形成の困難さから，低い確率ではあっても僥倖に恵まれて形成された微惑星がまわりの（相対的に大型の）ダストをかき集めて急速に成長するという"小石"集積 (pebble accretion) モデルも提案されている．しかし，（ここでは詳しく述べないが）それはそれで別の問題がある．

ると，微惑星が中心星のまわりを回っていることを忘れて，無重力の箱の中で一様数密度の微惑星が速度 $v_{\rm disp}$ でランダムな方向に飛び回っていて，静止している原始惑星に衝突するという単純な描像（"particle-in-a-box"近似）で考えても十分に正確な見積もりができることがわかっている．

力学的摩擦

このような系で，重力散乱によって粒子間のエネルギーが交換されると，一粒子あたりのエネルギー $(mv^2/2)$ が同じ程度になるように緩和していく．プラズマでは電子とイオンがクーロン相互作用でエネルギーを交換し，電子の速度がイオンの速度よりもずっと大きくなり，電子温度（電子1つあたりの平均の運動エネルギー）とイオン温度が等しくなっていく．これは「エネルギー等分配の法則」と呼ばれるが，重力相互作用する粒子でも同じことが起こる．原始惑星が何らかの原因で速度分散が上昇したとすると，多数の微惑星との相互作用で，その速度分散はエネルギー等分配の法則を満たす値にまで減衰していく．この減衰を「力学的摩擦」と呼んでいる．したがって，particle-in-a-box 近似では，重い原始惑星は静止して微惑星のみが飛び回っているという描像になる．以下，この描像に基づいて考える．

衝突断面積

原始惑星（質量 M, 半径 R）が，微惑星集団（質量 m, 半径 R_m, 面密度 $\Sigma_{\rm d}$, 数密度 n）の中に静止している場合の衝突確率を考えてみる（$M \gg m, R \gg R_m$）．後で示すように，原始惑星に微惑星が衝突する場合は合体するという仮定は，妥当なものある．以下，特に断らない限り完全合体を仮定する．

衝突断面積 $\sigma_{\rm col}$ は

$$\sigma_{\rm col} = \pi R^2 \left(1 + \frac{v_{\rm esc}^2}{v_{\rm disp}^2}\right) \quad (3.101)$$

となる．ここで $v_{\rm esc}$ は，原始惑星の表面脱出速度で，$v_{\rm esc} = 2GM/R$ と与えられる．この断面積は，ぎりぎりかするような衝突のインパクト・パラメータ b を求めて，πb^2 とすることで求まる．微惑星が原始惑星から十分に離れているときの角運動量とエネルギーは $L_\infty = b v_{\rm disp}$ と $E_\infty = v_{\rm disp}^2/2$ である．原始惑星に衝突する直前の相対速度を $v_{\rm imp}$ とすると，その時の角運動量とエネルギーは $L_{\rm imp} = R v_{\rm imp}$ と $E_{\rm imp} = v_{\rm imp}^2/2 - GM/R$ となる（図 3.5 参照）．角運動量

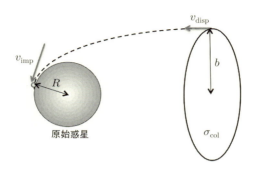

図 **3.5** 衝突断面積

保存 ($L_\infty = L_\mathrm{imp}$) とエネルギー保存 ($E_\infty = E_\mathrm{imp}$) を課して v_imp を消去すると，$b = R\sqrt{1 + v_\mathrm{esc}^2/v_\mathrm{disp}^2}$ が求まる．上式括弧内は，重力による引きつけによる有効断面積の広がり (gravitational focusing factor) を表す．

散乱断面積

ここで，v_disp を見積もってみよう．微惑星の速度分散は原始惑星による散乱で上昇するが，速度分散がある程度以上に上がると，散乱されるよりも衝突してしまう．散乱断面積 σ_scat が σ_col よりも大きい限り v_disp は上がるので，$\sigma_\mathrm{scat} = \sigma_\mathrm{col}$ を満たす v_disp が v_disp の最大値になる．まずは，σ_scat を簡単に見積もってみる．微惑星が速度 v_disp，インパクトパラメータ b で，原始惑星（質量 M）に近づくことを考える．原始惑星を通り過ぎる直前までに，b があまり変わらないとしてみよう．通りすぎるときに微惑星が受ける（進行方向に垂直な方向の）典型的な力の大きさ（単位質量あたり，すなわち加速度）は $F \sim GM/b^2$ で，典型的な通過時間は $t \sim 2b/v_\mathrm{disp}$ なので，進行方向に垂直な方向に得る速度は $v' \sim Ft \sim 2GM/(bv_\mathrm{disp})$ となる．これが v_disp に匹敵する大きさになれば，散乱が効いているということになる．したがって，$b \lesssim 2GM/v_\mathrm{disp}^2$ で散乱が効くことになるので，散乱断面積は次のようになる．

$$\sigma_\mathrm{scat} \simeq \pi \left(\frac{2GM}{v_\mathrm{disp}^2}\right)^2 \simeq \pi R^2 \left(\frac{v_\mathrm{esc}^2}{v_\mathrm{disp}^2}\right)^2. \tag{3.102}$$

$x = v_\mathrm{esc}^2/v_\mathrm{disp}^2$ とおくと，$\sigma_\mathrm{col} \simeq \sigma_\mathrm{scat}$ は，式 (3.101) と式 (3.102) を使って $1 + x \simeq x^2$ と表される．この解は $x \simeq 1.6$ となり，それは $v_\mathrm{disp} \sim v_\mathrm{esc}$ を意味

する．実際には，ここに入っていないガス抵抗による $v_{\rm disp}$ の減少があるので，これより小さい値が平衡値になる．どれくらい小さくなるのかは，ガス抵抗の効き具合に依存するので以下では，$v_{\rm esc}/v_{\rm disp}$ をパラメータとして残した表式を導出することにする．

完全合体の妥当性

ここで，完全合体の仮定の妥当性を示しておこう．微惑星が原始惑星に衝突する速度 $v_{\rm imp}$ は，$v_{\rm imp}^2 \simeq v_{\rm disp}^2 + 2GM/R = v_{\rm disp}^2 + v_{\rm esc}^2$ であった．$v_{\rm disp} \lesssim v_{\rm esc} \sim \sqrt{2GM/R}$ なので，$v_{\rm imp} \lesssim \sqrt{2} v_{\rm esc}$．したがって，微惑星が衝突によって一定の割合以上（たとえば $\gtrsim 30\%$）の運動エネルギーを散逸するとすると，微惑星の衝突後の速度 v は表面脱出速度以下となって，$E = v^2/2 - v_{\rm esc}^2/2 < 0$ となるので，微惑星は最終的に原始惑星に合体する．つまり，一般に微惑星は原始惑星に衝突したら合体し，破壊はあまりしないと言える．ただし，原始惑星の重力によって加速された微惑星が別の微惑星と衝突すると，微惑星の表面脱出速度は小さいので破壊が起こり，そのことが原始惑星の成長に跳ね返ってくる可能性もあることには注意がいる．

原始惑星の成長時間

さて，$\sigma_{\rm col}$ に戻ろう．原始惑星の成長率は，

$$\frac{dM}{dt} \simeq Cmn\sigma_{\rm col}v_{\rm disp} \simeq C\Sigma_{\rm d} \cdot \pi R^2 \left(1 + \frac{v_{\rm esc}^2}{v_{\rm disp}^2}\right)\Omega_{\rm K} \tag{3.103}$$

となる．ここで，C は実際の $v_{\rm disp}$ が Rayleigh 分布になっていることから出てくる数ファクター（$C \sim 2$）で，mn は微惑星集団の空間密度であり，微惑星集団の円盤の面密度 $\Sigma_{\rm d}$ をその厚み $2ia \sim v_{\rm disp}/\Omega_{\rm K}$ で割ったものとした．a は原始惑星の軌道長半径．したがって，原始質量 M の惑星の集積時間スケールは，

$$\tau_{\rm c,acc} \equiv \left(\frac{1}{M}\frac{dM}{dt}\right)^{-1} \simeq \frac{1}{2}\frac{M}{\pi\Sigma_{\rm d}a^2}\left(\frac{a}{R}\right)^2 \left(\frac{v_{\rm disp}}{v_{\rm esc}}\right)^2 \frac{T_{\rm K}}{2\pi}. \tag{3.104}$$

ここで，$v_{\rm disp} \lesssim v_{\rm esc}$ であることを使った．また，$T_{\rm K}$ はケプラー周期で

$$T_{\rm K} = \frac{2\pi}{\sqrt{GM_*/a^3}} = 1 \times \left(\frac{a}{1\,{\rm AU}}\right)^{3/2}\left(\frac{M_*}{M_\odot}\right)^{-1/2} \text{年}. \tag{3.105}$$

式 (3.104) で，$\pi\Sigma_d a^2$ は軌道半径 a 以内に入っている固体成分の総量なので，太陽系復元モデルでは $a \sim 1\mathrm{AU}$ で地球質量程度となり，右辺の二番目のファクターは $\sim O(1)$ になっているはずである．地球を考えると $R = R_\oplus = 6.4 \times 10^3$ km で 1AU は 1.5×10^8 km なので，三番目のファクターは $\sim 5 \times 10^8$．したがって，地球サイズ天体が集積する時間は $\tau_{c,acc} \sim 3 \times 10^7 (v_{disp}/v_{esc})^2$ 年となる．5AU における木星の固体コア ($M \sim 10 M_\oplus$; $R \sim 2-3 R_\oplus$) では，$a > 2.7\mathrm{AU}$ で氷が凝縮して $\eta_{ice} \sim 4$ となることを考えると，最初のファクターはやはり $\sim O(1)$ となり，$T_K \sim 10$ 年なので，$\tau_{c,acc} \sim 10^9 (v_{disp}/v_{esc})^2$ 年となる．木星は大量のガスを円盤から集めなければならないので，円盤ガスの寿命（$\sim 3 \times 10^6$ 年程度）以内にコアが形成されなければならない．残りかすのガスがあればよいと考えても，10^7 年が限度であろう．10^7 年以内に集積するためには v_{disp} は $0.1 v_{esc}$ 以下という，かなり低い値をとらなければならない．後の 3.6.2 項，3.6.3 項で示すように，暴走成長や寡占成長という成長モードを考えると，$v_{disp} \lesssim 0.1 v_{esc}$ はぎりぎり可能かもしれない．

式 (3.104) を見ると，同じ R と v_{disp}/v_{esc} をもつ惑星が集積する時間は a^3 に比例することがわかる．この a^3 は，Σ_d^{-1} からの $a^{3/2}$ と T_K の $a^{3/2}$ に由来している．土星のコアは 10AU くらいにあり，集積時間はもう 1 桁くらい長くなるので，円盤ガスが存在する間にコアを形成するのは，このままの理論ではかなり厳しい．天王星は 20AU，海王星は 30AU にあり，海王星が太陽系の年齢内に集積することも同様に厳しい．このように遠方の惑星の集積時間の見積もりには問題があるように見える．このことについては，また後で考えることにする．

3.6.2 暴走成長

ここまで，少数の比較的大きな原始惑星と多数の小さい微惑星で構成された系を仮定してきた．以下では，微惑星の成長は「**暴走成長 (runaway growth)**」と呼ばれるモードになり，少数の微惑星が他を圧倒して成長していき，仮定してきたような系に進化していくことを示そう．別の言い方をすると，微惑星の質量分布関数の高質量の側の端がどんどん伸びるということになる．この高質量の側の端の部分を「原始惑星」と呼ぶことにする（ここまでは漠然と「原始惑星」という言葉を使ってきたが）．

暴走成長の条件

まずは，質量 M の原始惑星の質量増加率 dM/dt が，M^β（β は定数）に比例するという簡単なモデルを考えよう．質量 M_1, M_2（$M_1 > M_2$ とする）の 2 つの原始惑星の成長を考えると，

$$\frac{d}{dt}\left(\frac{M_1}{M_2}\right) = \frac{M_1}{M_2}\left(\frac{1}{M_1}\frac{dM_1}{dt} - \frac{1}{M_2}\frac{dM_2}{dt}\right) \propto \frac{M_1}{M_2}(M_1^{\beta-1} - M_2^{\beta-1}). \quad (3.106)$$

この式から，$\beta > 1$ ならば $d(M_1/M_2)/dt > 0$ となり，はじめに大きかった M_1 と M_2 の質量比がどんどん大きくなっていくことがわかる．多数の粒子で考えると，はじめちょっと大きかった粒子がある種の不安定のように 他を圧倒して成長していくことを示す．こういうモードを「暴走成長」と呼ぶ．一方，$\beta < 1$ ならば粒子の質量差はどんどん小さくなっていくき，同じような質量の多数の粒子が系の全体を占めるようになる．その場合を「秩序成長 (orderly growth)」と呼ぶ．

では，微惑星との衝突によって原始惑星が成長する場合の β の値を見てみよう．$\sigma_{\rm col}(M,m)$ を，質量 M の原始惑星が質量 m ($m < M$) の微惑星と衝突するときの断面積としよう．式 (3.103) から，$dM/dt \sim C\Sigma_{\rm d}\sigma_{\rm col}(M,m)\Omega_{\rm K}$ なので，$\sigma_{\rm col}(M,m) \propto M^\beta$ となる．$\sigma_{\rm col}(M,m)$ の具体的な形は，式 (3.101) に与えられていて，$\sigma_{\rm col}(M,m) \propto M^{2/3}v_{\rm esc}(M)^2/v_{\rm disp}(m)^2$．原始惑星がまだ大きくなっていない初期の段階では，自分と同じくらいの大きさの微惑星がすぐそばに存在している．すぐ下に示すように，その場合は，大きな微惑星を集積することが原始惑星の成長に一番寄与しており，それらの $v_{\rm disp}$ は力学的摩擦から $m^{-1/2}$ に比例する．つまり，$\sigma_{\rm col}(M,m) \propto M^{2/3}v_{\rm esc}(M)^2/v_{\rm disp}(m)^2 \sim M^{2/3+2/3}/v_{\rm disp}(M)^2 \propto M^{7/3}$．$\beta > 1$ なので，原始惑星の成長は暴走成長モードで進行することになる．

暴走成長の場合の質量関数

次に，連続的な質量分布の進化で考えてみる．ある質量 M の粒子が自分より小さい微惑星を捕獲して成長しているとする．この場合の成長率は，式 (3.103) から

$$\frac{dM}{dt} = \int^M \Sigma_{\rm d}(m)\sigma_{\rm col}(M,m)\Omega_{\rm K}dm \quad (3.107)$$

と書ける．ここで，$\Sigma_{\rm d}(m)$ は微惑星面密度のうちで $[m, m+dm]$ の範囲に入っている部分で，微惑星の質量関数 $n(m)$ に m をかけたものになる．以下，$n(m) \propto m^{-\gamma}$

としよう．$\sigma_{\rm col}(M,m)$ は質量 m の微惑星との衝突断面積で，上の例にならって $\sigma_{\rm col}(M,m) \propto M^\beta$ とおいておく．右辺の積分は m の大きいほうが効いている[27]．したがって，大きな微惑星の集積が成長に一番寄与していることがわかり，$dM/dt \propto M^{\beta+3-\gamma}$ となる．dM/dt は質量を座標とした空間での「速度」である．(質量分布関数全体の進化の時間スケールが個々の微惑星の成長時間スケールより十分長いとして) 質量分布関数が準定常だとすると，その座標空間での質量の流れ $(dM/dt) \cdot n(M)$ は M に依存しなくなるため，

$$\gamma = (\beta + 3)/2 \tag{3.108}$$

となる．$\beta > 1$ の場合に暴走成長になるわけだが，上式からその場合は $\gamma > 2$ に対応することがわかる．$\Sigma_{\rm d} = \int_{M_{\rm min}}^{M_{\rm max}} \Sigma(M) dM \propto (M_{\rm max}^{2-\gamma} - M_{\rm min}^{2-\gamma})$ なので，この暴走成長モードでは，全質量のほとんどは (分布の中の) 小さいほうの微惑星が担っていることになる．つまり，ごく少数の原始惑星が急速に成長し，残りの微惑星はおいていかれるということに対応する．微惑星集積の初期段階においては $\beta = 7/3$ だったが，それは $\gamma = 8/3$ に対応することが予測される．これは N 体計算の結果[28]とよくあっている．

他方，小惑星では $n(M) \propto M^{-11/6}$ に沿っていることが観測からわかっている．小惑星は木星などの影響で軌道離心率がかなり大きくなっており，速度分散は小惑星の $v_{\rm esc}$ より十分大きい．したがって，小惑星同士の衝突の結果は合体でなく，破壊になるはずである．破壊して質量が小さくなると $v_{\rm esc}$ はますます小さくなるので，破壊が進行してどんどん小さい破片ができることになる．これを「**衝突破壊カスケード**」と呼んでいる．2 つの微惑星が衝突した際に，大きいほうの微惑星の破壊で削りとられる質量が小さいほうの微惑星の質量に比例するという簡単なモデルを採用すると，式 (3.101) で $(1 + v_{\rm esc}^2/v_{\rm disp}^2) \sim 1$ となるので，$dM/dt \propto M^{2/3}$ ($\beta = 2/3$) となる．つまり，衝突破壊カスケードの部分では $n(M) \propto M^{-11/6}$ となることが，式 (3.108) から解析的に予測され，小惑星の質量分布関数を見事に説明する．

---

[27] $\sigma_{\rm col}(M,m) \propto M^{2/3}(1 + v_{\rm esc}(M)^2/v_{\rm disp}(m)^2)$ で，質量の大きいほうでは力学的摩擦により $v_{\rm disp} \propto m^{-1/2}$ になっているので，被積分関数 $\propto m^{1\sim 2} m^{-\gamma}$ となる．すなわち，$\gamma < 3$ であれば積分の値は m の大きいほうで決まることになる．

[28] Kokubo, E. & Ida, S., *Icarus* **123**, 180 (1996) など．

3.6.3 寡占成長

暴走成長モデルにしたがうと，大きく成長する原始惑星は 1 つだけのように見えるかもしれない．しかし，このモデルを適用できるのは局所的な領域だけである．つまり，局所領域ごとに 1 つ大きな原始惑星ができる．これから示すように，暴走成長はある段階に達するとブレーキがかかり，離れた場所に現れた二番手，三番手が追いあげてくる．結果として，広い領域で見ると同じような質量の原始惑星がほぼ等間隔の軌道で並ぶようになる．ただし，暴走成長した各々の原始惑星の近傍では，他の微惑星は原始惑星に比べて十分に小さいままであり，質量分布は少数の原始惑星と多数の微惑星という具合に 2 極化する．このような成長モードを「**寡占成長 (oligarchic growth)**」と呼ぶ[29]．

暴走成長が進むと，原始惑星は質量分布関数の先端部分からはずれてどんどん成長する．やがて，自分のそばには自分より十分小さい微惑星しか存在しなくなる．このような場合，その小さい微惑星の速度分散は原始惑星による散乱で決まるようになる．簡単のため，質量 M の原始惑星集団と質量 m の微惑星集団の 2 成分系を考え，それぞれの面密度を Σ_M，Σ_m とする．式 (3.102) の散乱断面積に面数密度をかけると，それぞれによる散乱効率になるが，原始惑星によるものは $(\Sigma_M/M)\sigma_{\rm scat}(M) \simeq 4\pi G^2 M \Sigma_M / v_{\rm disp}^4$ であり，微惑星によるものは $4\pi G^2 m \Sigma_m / v_{\rm disp}^4$ なので，$\Sigma_M M > \Sigma_m m$ であれば，速度分散は原始惑星の重力に支配されることになる．系の圧倒的質量を微惑星が占めていたとしても ($\Sigma_M \gg \Sigma_m$)，M が m に対して十分大きくなれば，原始惑星の重力が勝ることがわかる．

このように，原始惑星の質量が微惑星総質量に比べてまだ十分小さい段階でも，まわりの微惑星の速度分散 $v_{\rm disp}$ が原始惑星による散乱で決まるようになると，暴走成長は終焉する．なぜ終焉するのかを詳しく見るために，3.6.2 項での β の見積もりに立ち戻ってみよう．原始惑星の衝突断面積は $\sigma_{\rm col}(M,m) \propto M^{2/3} \times v_{\rm esc}(M)^2/v_{\rm disp}(m)^2$（式 (3.101)）であったが，$v_{\rm disp}$ は原始惑星の散乱によって決まるので，3.6.1 項の議論から $v_{\rm disp} \propto v_{\rm esc}(M) \propto M^{1/3}$ となり，$\beta = 2/3 < 1$ となる．つまり，暴走成長は終わる．

ただし，これは単純に秩序成長に移行することを意味するのではない．この場合，原始惑星重力の影響が及ぶ原始惑星近傍の微惑星（質量 m）に対

---

[29] この現象は，Kokubo, E. & Ida, S., *Icarus* **131**, 171 (1998) などの N 体計算で発見されたもので，以下は，そこで発見された現象を理論的に解釈したものである．

しては，$dm/dt \propto m^{2/3}(1 + (v_{\rm esc}(m)^2/v_{\rm disp}^2))$．$v_{\rm esc}(m) > v_{\rm disp}$ の場合は $dm/dt \propto m^{4/3} M^{-2/3}$ なので，

$$\frac{d}{dt}\left(\frac{M}{m}\right) = \frac{M}{m}\left(\frac{1}{M}\frac{dM}{dt} - \frac{1}{m}\frac{dm}{dt}\right) \propto \frac{M}{m} M^{-2/3}(M^{1/3} - m^{1/3}) > 0 \tag{3.109}$$

となって，依然として，原始惑星と原始惑星近傍の微惑星の質量比は拡がり続けるのである．やがて $v_{\rm esc}(m)/v_{\rm disp}$ は 1 以下になるが[30]，そうなると，微惑星同士が衝突しても合体ではなく破壊が起こるので，この場合も，原始惑星と原始惑星近傍の微惑星の質量比は拡がり続ける．

ところが，原始惑星の成長率自体は鈍ってくるので，この原始惑星の重力が及ばない別の領域で生まれた他の原始惑星にはどんどん追いつかれることになる．つまり，原始惑星同士だけをみると「秩序成長」になる．このように，小さいままに取り残された多数の微惑星と，少数の同程度の大きさの原始惑星という 2 極分化した質量分布の系が作られて，原始惑星は成長を続けるのである．これが「寡占成長」である．

原始惑星は主に，この小さな微惑星を集積して成長する．微惑星以上のサイズではガス抵抗則は非粘性流体領域になり，式 (3.71) から，stopping time $\tau_{\rm s}$ はサイズに比例する．したがって，小さな微惑星にはガス抵抗が強く効くことになる．微惑星の速度分散 $v_{\rm disp}$ は原始惑星による散乱とガス抵抗の釣り合いで決まるが，この強いガス抵抗により，$v_{\rm disp}$ は原始惑星の表面脱出速度 ($v_{\rm esc}$) に対して小さい値となる．具体的に見積もると，キロメートルサイズの微惑星の場合，$v_{\rm disp} \sim 0.1 v_{\rm esc}$ 程度になる．

3.6.4 ヒル半径，孤立質量，巨大衝突

ここでは，寡占成長が行きついた状態における原始惑星の軌道間隔や質量などを見積もってみる．その結果から，次のステップである巨大衝突への移行が導かれる．ここの議論で有用になるのが，2.5.1 項でも出てきたヒル半径である．まずは，2.5.1 項とは異なる角度からヒル半径を導出してみる．

---

[30] $v_{\rm esc}(m)$ は微惑星の表面脱出速度であって，原始惑星の表面脱出速度 $v_{\rm esc}(M)$ よりもずっと小さいことに注意．

ヤコビ・エネルギー

 軌道長半径 a の円軌道にある原始惑星（質量 M）を考えて，原始惑星に原点が一致して，a におけるケプラー角速度 Ω_K で回る回転座標系に乗る．この座標系での微惑星の速度を $\boldsymbol{v}$ とする．また，中心星（質量 M_*）からの原始惑星と微惑星の位置ベクトルを $\boldsymbol{a}$ と $\boldsymbol{R}$ とする．この回転座標系での微惑星の単位質量あたりのエネルギーは，

$$E_\mathrm{J} = \frac{1}{2}(v^2 - |\boldsymbol{\Omega}_\mathrm{K} \times \boldsymbol{R}|^2) - \frac{GM_*}{|\boldsymbol{R}|} - \frac{GM}{|\boldsymbol{R}-\boldsymbol{a}|} \qquad (3.110)$$

となる．これをヤコビ (Jacobi)・エネルギーと呼ぶ．ここでベクトル $\boldsymbol{\Omega}_\mathrm{K}$ は，大きさが Ω_K で向きが原始惑星の軌道面に垂直な方向のベクトルであり，右辺第 2 項は遠心力ポテンシャルである．この座標系では中心星も原始惑星も静止しており，$\boldsymbol{\Omega}_\mathrm{K}$ も一定なので，ポテンシャルは定常になる．したがって，ヤコビ・エネルギー E_J は保存する．

 原始惑星のまわりの局所回転座標系で E_J を書き下してみる．$\boldsymbol{R}$ の動径成分を r として，原始惑星軌道面に垂直な方向を z 成分とする．$r = a+x$ とし，$|x|, |z| \ll a$ の近似のもとに式 (3.110) を展開する．$(|\boldsymbol{\Omega}_\mathrm{K} \times \boldsymbol{R}|^2)/2 = \Omega_\mathrm{K}^2 r^2/2 = \Omega_\mathrm{K}^2(a^2 + 2ax + x^2)/2$, $GM_*/|\boldsymbol{R}| = \Omega_\mathrm{K}^2 a^3/\sqrt{r^2+z^2} = \Omega_\mathrm{K}^2[a^2 - ax + (3/2)x^2 - x^2/2 - z^2/2]$ なので，

$$E_\mathrm{J} = \frac{1}{2}v^2 + \Omega_\mathrm{K}^2\left(-\frac{3}{2}x^2 + \frac{1}{2}z^2\right) - \frac{GM}{|\boldsymbol{R}-\boldsymbol{a}|} \qquad (3.111)$$

となる[31]．これを軌道要素で書き換えておこう．式 (3.98), (3.99) より，

$$x \simeq \Delta a - ea\cos(\varpi - \Omega_\mathrm{K} t), \qquad (3.112)$$

$$z \simeq ia\sin(\Omega - \Omega_\mathrm{K} t), \qquad (3.113)$$

$$\dot{x} \simeq -ea\Omega_\mathrm{K}\sin(\varpi - \Omega_\mathrm{K} t), \qquad (3.114)$$

$$\dot{y} \simeq -\frac{3}{2}\Omega_\mathrm{K}\Delta a + 2ea\Omega_\mathrm{K}\cos(\varpi - \Omega_\mathrm{K} t), \qquad (3.115)$$

$$\dot{z} \simeq -ia\Omega_\mathrm{K}\cos(\Omega - \Omega_\mathrm{K} t). \qquad (3.116)$$

ここで，Δa は微惑星と原始惑星の軌道長半径の差である．式 (3.98), (3.99) に

---
[31] 定数項もあるが，それは以下の議論では効かないので落とした．

はない．角度方向の相対座標 y に対しての $\dot{y}$ の式も加えてある．$\dot{y}$ の右辺第 1 項は軌道長半径が異なることによるケプラー速度の違いを表し，第 2 項は角運動量保存から近点では速く，遠点では遅いことを表している．これらを式 (3.111) に代入すると，

$$E_{\rm J} = \frac{1}{2}(e^2 + i^2)v_{\rm K}^2 - \frac{3}{8}(\Delta a)^2 \Omega_{\rm K}^2 - \frac{GM}{\sqrt{x^2+y^2+z^2}} \tag{3.117}$$

となる．

ヒル半径

式 (3.111) のポテンシャル部分 $\phi_{\rm J}$ ($\phi_{\rm J} = E_{\rm J} - \bm{v}^2/2$) の動径方向成分 ($y = z = 0$ として x に沿った関数と見たもの) をとると，

$$\phi_{\rm J} = -\frac{3}{2}\Omega_{\rm K}^2 x^2 - \frac{GM}{|x|} \tag{3.118}$$

となる．x が小さいところでは，右辺第 2 項の原始惑星重力ポテンシャルが卓越し，x が大きいところでは，第 1 項の中心星ポテンシャルが卓越する．境目は $\partial \phi_{\rm J}/\partial x = 0$ より，

$$x = r_{\rm H} \equiv \left(\frac{M}{3M_*}\right)^{1/3} a \tag{3.119}$$

となる．$r_{\rm H}$ は原始惑星の重力圏の半径を表し，「ヒル (Hill) 半径」と呼ぶ[32]．また重力圏は「ヒル圏」と呼ぶことも多い．

原始惑星の軌道間隔

では，寡占的成長の話に戻ろう．原始惑星の重力は付近の微惑星に影響を与えるだけではなく，隣の原始惑星も会合するたびに少しずつ跳ね飛ばす．式 (3.117) で散乱前後での十分離れた場所での軌道要素を考え，簡単のために $i = 0$ とすると，

$$\frac{2E_{\rm J}}{v_{\rm K}^2} = e^2 - \frac{3}{4}\left(\frac{\Delta a}{a}\right)^2 \tag{3.120}$$

が散乱前後で保存することになる．つまり，重力散乱によって軌道離心率 e が増大すると，軌道長半径の差 Δa も増大することになる．

---

[32] ヒル半径の別の導出は，2.5.1 項を参照のこと．

増大した e はまわりの微惑星の力学的摩擦によって減衰して，円軌道に戻る．結果として，原始惑星は円軌道のまま，軌道間隔だけが広がり続けることになる．軌道間隔がある程度広がると，さすがに重力散乱が弱くなり，それ以上広がらなくなる．数値的に軌道計算をすると，拡がりきった距離は $10r_\mathrm{H}$ 程度である．原始惑星の重力圏の大きさよりずっと遠くまで広がってしまったのは，r_H 以上でも（中心星重力のほうが卓越するものの）原始惑星の重力の影響がゼロになるわけではないからである．しかし，ヒル圏の大きさをはるかに越えた軌道間隔だと，原始惑星はお互いに衝突することができない．

このような状況のままに原始惑星が成長すると r_H も大きくなるので，隣の原始惑星との実距離は広がっていく．やがて広がる余地がなくなると，どれかの原始惑星のペアが衝突して間引きされる．このようにして，原始惑星は $10r_\mathrm{H}$ 程度の間隔を保って成長していく．しかし，最後は 1 個にまでなるわけではない．寡占成長には終わりがあるのである．

孤立質量

原始惑星軌道の間の微惑星はいずれどれかの原始惑星に捕らえられる．原始惑星の軌道間隔の幅を Δa とすると，1 つの原始惑星が集積できる領域（フィーディング・ゾーン）は Δa の幅のリング状領域になり，その領域の微惑星の総質量は $M_\mathrm{f} = 2\pi a \Delta a \Sigma_\mathrm{d}$ となる．これが原始惑星質量より小さくなると，原始惑星の成長は止まる．$\Delta a = 10 r_\mathrm{H} \propto M^{1/3}$ なので，必ずどこかの M で M_f は M を割り込む．この原始惑星の限界質量を「**孤立質量 (isolation mass)**」と呼ぶ．同じくらいの大きさの原始惑星が相互作用している場合のヒル半径は $r_\mathrm{H} = (2M/3M_*)^{1/3} a$ となること[33]も考慮して，$M_\mathrm{iso} = 2\pi a \Delta a \Sigma_\mathrm{d} \simeq 20\pi a r_\mathrm{H} \Sigma_\mathrm{d}$ を解くと，孤立質量が

$$\frac{M_\mathrm{iso}}{M_*} \simeq \left(\frac{20}{(3/2)^{1/3}}\right)^{3/2} \left(\frac{\pi \Sigma_\mathrm{d} a^2}{M_*}\right)^{3/2} \tag{3.121}$$

のように求まる．最初の数ファクターは 70 くらいで，復元モデルを使うと $\pi \Sigma_\mathrm{d} a^2$ は 1AU では地球質量 ($M_\oplus \simeq 3 \times 10^{-6} M_\odot$) くらいなので，$M_\mathrm{iso} \sim 0.1 M_\oplus$ となることがわかる．

---

[33] ヒル半径の正確な定義は，中心力場内で重力相互作用する 2 つの天体の質量を M_1, M_2 とすると，$r_\mathrm{H} = ((M_1 + M_2)/3M_*)^{1/3} a$ である．式 (3.119) では，M_1 は原始惑星で，M_2 は微惑星として，$M_1 \ll M_2$ という仮定をしている．

また，$\Sigma_\mathrm{g} \propto a^{-3/2}$ のときは $M_\mathrm{iso} \propto a^{3/4}$ となって，外側ほど大きな惑星が集積する．特に氷境界では Σ_d がファクター 4 くらいもジャンプするので，M_iso は 8 倍もジャンプする．つまり，氷境界以遠ではかなり大きな固体惑星が集積することになる．

木星が形成される 5.2AU では $5.2^{3/4} \times 8 \times 0.1 M_\oplus \sim 3 M_\oplus$ になる．微惑星面密度が復元モデルよりちょっと大きかったり隣の原始惑星との合体があったりすると，木星付近では $\gtrsim 5 M_\oplus$ の固体惑星が形成され，そこに円盤ガスが流れこんで巨大ガス惑星が形成される（3.7 節参照）．

原始惑星が孤立質量に達すると，寡占成長は終わる．微惑星の力学摩擦や 3.8.1 項で述べる円盤ガスからの力学摩擦により原始惑星の軌道はほとんど円軌道になっているはずなので，原始惑星のヒル圏はお互いに重なることは決してなく，この状態は力学的に安定である．ところが太陽系復元モデルでは 1AU で $0.1 M_\oplus$ （〜火星質量）の惑星しかできないことになり，地球や金星はこのままでは形成できない．

巨大衝突

実は，微惑星もなくなり円盤ガスも消えると原始惑星同士の遠距離相互作用によって，それらの軌道は長い時間をかけてだんだん楕円になっていき，やがて軌道が交差し始めて原始惑星同士の衝突が起きると考えられている．これが，地球型惑星形成の最終段階の「**巨大衝突 (giant impacts)**」である．暴走成長や寡占成長では原始惑星は小さな微惑星を大量に集めて少しずつ成長していくのだが，巨大衝突時代では数回の大衝突で一気に成長するという様相の異なった成長になる．数値計算によると，太陽系復元モデルでは地球サイズの惑星まで形成される．

この巨大衝突の中で月が形成されたとするのが，「ジャイアント・インパクト説」である．ただし，木星や土星領域では孤立質量に達したところでガス流入が始まり，そのことによる質量増大が莫大なので巨大衝突の段階は経ない．

3.7　ガス惑星の形成

これまでは固体成分の集積を考えてきたが，惑星質量が大きくなると原始惑星系円盤からガス成分も集めるようになる．いったんガス成分が集まり始めると，ガス成分は固体成分の 100 倍もの質量があるので，巨大な惑星が形成されることになる．惑星は，固体成分の微惑星を重力で集めてきた．円盤に大量に存在するガス成分も同様に重力で集めようとするのだが，それを阻止するのがガス成分特有の圧力である．2.5 節で見たように，外力があればその外力に釣り合うように圧力勾配ができてしまい，ガス成分を集積することができなくなる．ガス成分の集積が可能になるのは，圧力勾配では支えきれないほどの重力がかかるか，熱エネルギーが抜けて圧力が下がるかである．このプロセスを順に見ていこう．

3.7.1　限界コア質量

惑星の大気は惑星重力によって束縛されているが，あまりに重力が強くなると大気が圧力で支えられなくなり，惑星に落ち込む．惑星が円盤ガスの中にあれば，円盤ガスが次々と惑星のヒル圏に流れ込んで巨大ガス惑星が形成される．ここでは惑星大気の安定性を考えて，ガスの流入が始まる惑星質量のしきい値（限界コア質量）について考えてみよう．

ボンディ半径

音速 c_s（$\simeq$ 熱運動の速度）のガス粒子が固体惑星（質量 M_c）に束縛されているということは，そのガス粒子の（単位質量あたりの）運動エネルギー $c_s^2/2$ が惑星の重力ポテンシャルエネルギー GM_c/r（r は惑星の中心からの距離）より小さいということである．それを r についての条件に直すと，

$$r < r_B = \frac{GM_c}{c_s^2} \simeq 3.3 \times 10^5 \left(\frac{M_c}{M_\oplus}\right) \left(\frac{T}{300\,\mathrm{K}}\right)^{-1} \mathrm{km} \tag{3.122}$$

となる．r_B を「ボンディ (Bondi) 半径」と呼ぶ[34]．大気は固体惑星の物理半

---
[34] 分子に 2 をつけて定義する流儀もあるが，多くの教科書・文献ではここでの定義と同じ形を採用している．オリジナルの論文 Bondi, H. *Monthly Notices of Royal Astronomical Society* **112**, 195 (1952) でも，2 はつけていない．物理的な意味は，どちらでも同じである．

径 r_c より外側に存在するので，大気が存在する条件は $r_B > r_c$ となる．物理半径は

$$r_c \simeq 0.78 \times 10^4 \left(\frac{M_c}{M_\oplus}\right)^{1/3} \left(\frac{\rho}{3 \text{ g cm}^{-3}}\right)^{-1/3} \text{ km} \quad (3.123)$$

なので，300 K の大気の場合は，惑星質量が月質量程度（地球の 1/100 程度の質量）以上になると大気をもてることになる．

大気構造を解く基礎方程式

この大気の構造を，球対称理想気体の場合について解いてみよう．力学的な釣り合いは，2.4.2 項の静水圧平衡（式 (2.33)）を仮定して，

$$\frac{dP}{dr} = -\frac{GM}{r^2}\rho(r) \quad (3.124)$$

となる．ここで M は固体コア質量 M_c と r_c から r までに存在している大気質量 M_a の和である．

大気内での熱輸送は，2.3.2 項で出てきた輻射輸送を考える．光学的に厚い場合の輻射輸送は光子の拡散であり，温度が高い方向から低い方向へエネルギーが流れる．仮想的に，l だけ離れた向かい合った黒体の「壁」を考える．黒体放射の強さは，物質の種類によらずに温度 T だけで決まり，単位面積あたり $\sigma_{SB}T^4(r)$ の放射をする．r にある壁は r の正の方向に $\sigma_{SB}T^4(r)$ の放射をし，$r+l$ にある壁は負の方向に $\sigma_{SB}T^4(r+l)$ の放射をする．正味の単位面積あたりのエネルギー流（放射エネルギーフラックス）は

$$F \simeq \sigma_{SB}[T^4(r) - T^4(r+l)] \simeq -\sigma_{SB}\frac{dT^4}{dr}l. \quad (3.125)$$

となる．質量吸収係数 κ は媒質単位質量あたりの衝突断面積で，$l \sim 1/\kappa\rho$ となる（ρ は大気ガス密度）．厳密に求めると，数係数が 4/3 だけ変わって，

$$F = -\frac{4\sigma_{SB}}{3\kappa\rho}\frac{dT^4}{dr} \quad (3.126)$$

となる．

コア表面では微惑星が落下することで重力エネルギーが解放されて，熱が発生する．その熱は，コア表面全体で単位時間あたりに，

$$L = \frac{GM_\mathrm{c}\dot{M}_\mathrm{c}}{r_\mathrm{c}} \tag{3.127}$$

となる．$\dot{M}_\mathrm{c}$ は単位時間の間に落下する微惑星の総質量．この熱源と輻射輸送による冷却とで釣り合って，大気は熱平衡にあると考える．球対称を仮定すると，中心から r の距離の球殻では，$F = L/4\pi r^2$．したがって，

$$\frac{L}{4\pi r^2} = -\frac{4\sigma_\mathrm{SB}}{3\kappa\rho}\frac{dT^4}{dr} \tag{3.128}$$

となる．

変数は ρ, T, P の3つであり，式 (3.124)，(3.128) に加えて，理想気体の状態方程式（式 (2.29)）を課せば，式が3本となって解ける．

限界コア質量

ここでは数係数は気にしないで，式 (3.124)，(3.128)，(2.29) の解の物理量の依存性をみてみる．式 (3.124) から $P \propto M\rho/r$ となり，式 (2.29) に代入すると，$T \propto M/r$．この比例式を式 (3.128) から得られる $T^4 \propto \kappa\rho L/r$ に代入すると，$\rho \propto M^4/\kappa L r^3$．大気質量 M_a は ρr^3 に比例すると考えられ，$L \propto \dot{M}_\mathrm{c} M_\mathrm{c}^{2/3}$，$M = M_\mathrm{a} + M_\mathrm{c}$ なので，

$$M_\mathrm{a} = \frac{\beta}{\kappa \dot{M}_\mathrm{c}} \frac{(M_\mathrm{a} + M_\mathrm{c})^4}{M_\mathrm{c}^{2/3}} \tag{3.129}$$

となる．ここで β は定数．大気量が小さくて $M_\mathrm{a} \ll M_\mathrm{c}$ の段階では，上式から $M_\mathrm{a} \propto M_\mathrm{c}^{10/3}$ なので，$dM_\mathrm{a}/dM_\mathrm{c} \propto M_\mathrm{c}^{7/3}$ となり，M_c が大きくなるにつれて M_a は急速に大きくなることがわかる．式 (3.129) の両辺を M_c で微分すると，

$$\frac{dM_\mathrm{a}}{dM_\mathrm{c}} = \frac{4M_\mathrm{a}}{M_\mathrm{a} + M_\mathrm{c}}\left(\frac{dM_\mathrm{a}}{dM_\mathrm{c}} + 1\right) - \frac{2}{3}\frac{M_\mathrm{a}}{M_\mathrm{c}} \tag{3.130}$$

となる．したがって，$dM_\mathrm{a}/dM_\mathrm{c} \to \infty$ のとき，$M_\mathrm{a} = M_\mathrm{c}/3$ とならなければいけない．$M_\mathrm{a} = M_\mathrm{c}/3$ を式 (3.129) に代入すると，

$$M_\mathrm{c,crit} = \left(\frac{27\kappa \dot{M}_\mathrm{c}}{256\beta}\right)^{3/7} \tag{3.131}$$

と求まる．$M_\mathrm{c} = M_\mathrm{c,crit}$ のとき，$dM_\mathrm{a}/dM_\mathrm{c} \to \infty$ となって，M_a が発散する．

つまり，大気質量も入れた重力を圧力で支えるために必要な大気密度は無限大ということで，$M_\mathrm{c} > M_\mathrm{c,crit}$ では，静水圧平衡になる大気は存在しないことになる．このときの固体コア質量 $M_\mathrm{c,crit}$ を「**限界コア質量**」と呼ぶ．

$\dot{M}_\mathrm{c}$ が大きくなるとコア表面での熱の解放が大きくなり，κ が大きくなると解放された熱をこもらせるので，いずれも $M_\mathrm{c,crit}$ が大きくなる．大気中の対流による熱輸送の効果も入れて数係数を厳密に計算すると[35]，べき係数も多少変わって，

$$M_\mathrm{c,crit} \simeq 10 \left(\frac{\dot{M}_\mathrm{c}}{M_\oplus/10^6\mathrm{yr}}\right)^{(0.2\sim0.3)} \left(\frac{\kappa}{\kappa_0}\right)^{(0.2\sim0.3)} M_\oplus \qquad (3.132)$$

となる．吸収係数 κ_0 は原始惑星系円盤と同じダスト・ガス比の場合の κ である（ガスよりもはるかに少量でも，ダストのほうが吸収には効く）．

3.7.2 準静的ガス流入

ケルビン＝ヘルムホルツ収縮時間

$M_\mathrm{c} > M_\mathrm{c,crit}$ になると静水圧平衡大気が存在できず大気の落ち込みが始まるのだが，それに伴って熱（圧縮加熱）が発生する．落ち込みが速ければ発生する熱も大きいので，うまくバランスして静水圧平衡が近似的に成立する．一方で，熱エネルギーはいずれ惑星表面から抜けていくので，力学的な時間（ケプラー時間）に比べて十分に長い時間で収縮は進行する．このような準静的収縮を「**ケルビン＝ヘルムホルツ収縮**」と呼ぶ．収縮の時間スケールは，熱が惑星大気を抜ける時間（ケルビン＝ヘルムホルツ時間; Kelvin-Helmholtz time）で決まる．

さきほどの式 (3.132) をうまく使って，ケルビン＝ヘルムホルツ時間 τ_KH を見積もってみよう．$M_\mathrm{c} \simeq M_\mathrm{c,crit}$ では，収縮は微惑星落下による発熱と重力が釣り合っていると考えられる．ここで，コア質量 M_c を惑星全質量 M で置き換え，微惑星の落下率 $\dot{M}_\mathrm{c}$ を M/τ_KH で置き換えてみよう．変形して τ_KH について解くと，

$$\tau_\mathrm{KH} \simeq 10^7 \left(\frac{M}{10M_\oplus}\right)^{-(2.3\sim4)} \left(\frac{\kappa}{\kappa_0}\right) \text{年} \qquad (3.133)$$

となる．これは，大気構造の準静的収縮を正確に数値計算した解[35]とだいたい

---

[35] Ikoma, M., Nakazawa, K. & Emori, H. *Astrophysical Journal* **537**, 1013 (2000).

合っている.

ガス惑星形成の概要

　大気が収縮すれば，惑星のボンディ半径内またはヒル半径内のガスが低密度になるので，円盤からガスが流入する．つまり，収縮時間はガス集積による惑星の成長時間に等しいと言える[36]．式 (3.133) から，τ_KH は惑星質量が増加するほど短くなることがわかる．つまり，ガス惑星の成長はどんどん加速していく暴走的なプロセスである．流れ込むガス量は，$M/\tau_\mathrm{KH} \sim 10^{-6}(M/10M_\oplus)^{3.3\sim 5} M_\oplus/$年．観測からは，原始惑星系円盤でのガスの流れの典型的な値は $\sim 10^{-8} M_\odot/$年 $\sim 3 \times 10^{-3} M_\oplus/$年 だということを 3.3.2 項で述べた．つまり，$M \gtrsim 100 M_\oplus$（$\sim$ 土星質量）にまで成長すると，大気の収縮に対して原始惑星系円盤からのガス供給が間に合わなくなるので，惑星軌道のまわりに円盤ガスの密度が低い領域（ギャップ）ができることになり，ガス供給がガス惑星の形成を律速するようになる．また，惑星が木星質量 ($\sim 300 M_\oplus$) を越えると，惑星による原始惑星系円盤ガスの跳ね飛ばしが効いて，供給されるガスを跳ね返すようになり（ギャップでのガス密度が非常に低くなると言ってもよい），惑星成長はますます遅くなっていく．

3.8　軌道移動

　ここまで，微惑星や原始惑星の軌道運動に対する円盤ガスの効果を考えてこなかった．流体力学としてのガス抵抗は，ダスト粒子など質量の小さい粒子の運動には大きな影響を与えた（3.4 節参照）．しかし，粒子の質量が大きくなるにつれて比表面積（単位質量あたりの表面積）は小さくなるので，ガス抵抗は効かなくなる．

　ところが，天体質量が大きくなると今度は，流体力学的ガス抵抗ではなく，円

---

[36] ここまでは球対称的な大気を考えているが，詳しく考えると，流入したガスは惑星に対する角運動量をもっているので，原始惑星系円盤ができたのと同様に，惑星まわりに円盤をいったん作ってから惑星に降着していくはずである．そこまで考慮したガス惑星の形成モデルはまだできていない．また，この惑星まわりの円盤の中で，ガス惑星の大きな衛星が集積すると考えられているので，この円盤を「原始衛星系円盤」と呼ぶこともある．

盤ガスとの重力相互作用が重要となってくる．原始惑星系円盤においてガス成分は固体成分の 100 倍もの質量があり，この相互作用は非常に強く効く可能性がある．この効果は，惑星の軌道離心率の減衰や軌道移動として現れる．円盤ガスの動径分布が惑星重力によって変化しない場合とする場合で，この軌道変化は定性的に異なる．それぞれをみていこう．

3.8.1 タイプ I 移動

円盤にギャップを開けるには，惑星質量が地球質量の 10〜100 倍以上になる必要がある．まずは，そこまで惑星質量が大きくない地球型惑星などの場合を考えて，円盤の構造は惑星によって変化していないとする．

力学的摩擦

静止している質量 M の惑星に，密度 ρ_g，音速 c_s のガスが速度 v で直線的に入射するときに，惑星が受ける力を考えてみよう（静止しているガスに惑星が入射すると考えても同じである）．

まずは亜音速の場合を考えよう．大気も惑星の一部として流入するガスと重力相互作用するので，断面積は惑星の物理半径ではなくボンディ半径 $r_B = GM/c_s^2 = (v_K/c_s)^2(M/M_*)r$ を使って，πr_B^2 となる．今は重力相互作用を考えており，密度変化は音波で伝わる．したがって，単位時間あたりに相互作用するガス粒子質量は $\pi \rho_g r_B^2 c_s$ である．相互重力によって惑星はガスの運動になじもうとする．別の言い方をすれば，重力相互作用によってガスは惑星に運動量を引き渡す．結果として，惑星は「抵抗力」を受けたのと同等になるので，このような効果を「力学的摩擦」と呼ぶ．ガスが惑星に引き渡す単位質量あたりの運動量の平均値は v である．粒子がガスに完全になじむと運動量は Mv になるので，この抵抗力で相対速度 v が減衰する時間スケールは，

$$t_{\mathrm{df,sub}} \equiv \frac{v}{dv/dt} \sim \frac{Mv}{\pi r_B^2 \rho_g v c_s} \tag{3.134}$$

となる（形としてはダスト粒子の場合のエプスタイン則に似ていることに注意）．

超音速の場合は，断面積は $\pi(GM/v^2)^2$ で，単位時間あたりに相互作用するガス粒子質量は $v \rho_g \pi (GM/v^2)^2 v$ になるので，

$$t_{\mathrm{df,sup}} \sim \frac{Mv}{\pi(GM/v^2)^2 \rho_g v^2} = \frac{Mv}{\pi(GM/c_s^2)^2 \rho_g v c_s (c_s/v)^3} = t_{\mathrm{df,sub}} \left(\frac{v}{c_s}\right)^3 \tag{3.135}$$

となる．

円盤ガスがほぼ円ケプラー軌道を描いているのに対して，惑星が楕円軌道だと，その軌道離心率は円盤ガスの力学的摩擦により減衰するが，その減衰時間は t_df で与えられることになる．円盤ガスを考えて $\rho_\mathrm{g} \sim \Sigma_\mathrm{g}/\sqrt{2\pi}h \sim \Sigma_\mathrm{g}\Omega_\mathrm{K}/\sqrt{2\pi}c_s$ という関係式を使い，$v \sim ev_\mathrm{K}$ とすると，亜音速と超音速の両方の場合を合わせて，

$$t_\mathrm{df} \sim \sqrt{2\pi}\frac{M_*}{M}\frac{M_*}{\pi r^2 \Sigma_\mathrm{g}}\left(\frac{c_s}{v_\mathrm{K}}\right)^4 \Omega_\mathrm{K}^{-1} \times \max\left[1, \left(\frac{ev_\mathrm{K}}{c_s}\right)^3\right] \quad (3.136)$$

となる．ここではおおざっぱに見積もったが，結果は厳密な計算[37]と一致する．

微惑星との相互作用による力学的摩擦はすでに登場しているが（3.6.1 項），この表式で c_s を微惑星の速度分散，ρ_g を微惑星の空間密度に置き換えれば，微惑星による力学的摩擦の時間スケールが得られる．

亜音速の場合に，具体的に力学的摩擦の時間スケールを見積もってみる．$M_* = 1M_\odot$，$M = 1M_\oplus = 3 \times 10^{-6}M_\odot$，$r = 1\mathrm{AU}$ の場合を考える．ケプラー時間は $T_\mathrm{K} = 2\pi/\Omega_\mathrm{K}$ であり，太陽系復元モデルでは1AUで $\pi r^2 \Sigma_\mathrm{b} \sim 200M_\oplus$，$c_s/v_\mathrm{K} \sim 0.03$ なので，t_df は数百年という短い時間スケールになることがわかる．つまり，円盤ガスによる惑星の軌道離心率の減衰は非常に強力であることがわかる．

軌道移動

同じ相互作用によって，惑星の軌道離心率だけではなく，軌道長半径も減衰する．3.2.2 項で示したように，円盤ガスの回転速度は η の割合だけケプラー回転速度より遅い．η は次のように与えられる．

$$\eta = -\frac{1}{2}\left(\frac{c_s}{v_\mathrm{K}}\right)^2 \frac{d\ln P}{d\ln r}. \quad (3.137)$$

この速度差も t_df で減衰する．その際の力学的摩擦力で原始惑星にトルクがかかり，角運動量 L が減衰して軌道長半径も減衰する．惑星の軌道運動の単位質量当りの角運動量を L，惑星とガスの角運動量の差を ΔL とすると，

---

[37] 亜音速の場合は，Tanaka, H. & Ward, W. R. *Astrophysical Journal* **602**, 388 (2004)，超音速の場合は，Muto, T., Takeuchi, T. & Ida, S. *Astrophysical Journal* **737**, 37 (2011) を参照．

$d(\Delta L)/dt = a(\eta v_{\rm K})/t_{\rm df}$, $dL/dt = M d(a v_{\rm K})/dt = (1/2) v_{\rm K} (da/dt)$ であり，$d(\Delta L)/dt = dL/dt$ なので，軌道長半径の減衰（軌道移動）時間は

$$t_{\rm mig} \equiv \frac{a}{da/dt} \sim \frac{1}{2\eta} t_{\rm df} \sim \left(\frac{v_{\rm K}}{c_s}\right)^2 t_{\rm df} \tag{3.138}$$

となる．ここまで，惑星近傍のガスとの重力相互作用を考えてきた．だが，軌道移動に関しては，遠方のガスとの重力相互作用の影響も重要となり，そのため，実際には曲率の影響や密度分布の影響なども考慮しなければならない．しかし，それらの効果は上記と同じくらいの大きさなので，時間スケールの見積もりは変わらない[38]．

タイプ I 軌道移動の問題と必要性

林モデルの原始惑星系円盤では 1AU で $c_s \sim 0.03 v_{\rm K}$ なので，$t_{\rm mig}$ は $t_{\rm df}$ より約 1000 倍長い．しかし，$t_{\rm df}$ は 1AU にある地球質量の惑星に対して数百年という非常に短い時間なので，軌道移動時間は，1000 倍長いといってもせいぜい数十万年である．これは円盤の寿命よりも十分に短いので，円盤ガス内では地球は生き残れないことになる．5AU にある $10 M_\oplus$ の固体コアも同じ程度の軌道移動時間になり，木星も作れない．これらは「惑星落下問題」と呼ばれ，「ダスト落下問題」と並んで惑星形成理論における深刻な問題となっている．ここで紹介した軌道移動は「**タイプ I 移動 (type I migration)**」と呼ばれていて，次に紹介するガス惑星の「タイプ II 移動」とはメカニズムが異なる．

一方で，系外惑星系では中心星に極めて近い軌道に大型の地球型惑星が存在している確率が高いことが観測されている．そのような中心星に近い場所では孤立質量は小さいので，それらは外側で形成されて，タイプ I 移動で内側に移動してきたのではないかと考えられている．すなわち，タイプ I 移動は太陽系の形成には不利である一方で，系外惑星の多様性を説明する上では必要なメカニズムであると考えられている．

---

[38] 詳しい解析は Tanaka, H., Takeuchi, T. & Ward, W. R. *Astrophysical Journal* **565**, 1257 (2002) を参照．

3.8.2 タイプ II 移動

円盤のギャップの形成

　惑星質量が大きくなっていくと，惑星は軌道近傍にある円盤ガスを重力で跳ね飛ばしてギャップを開ける．その反作用を考えると，ギャップの淵にある円盤ガスは惑星を遠ざけようとするので，惑星はギャップの真ん中に閉じ込められることになり，タイプ I 軌道移動はなくなる．しかしながら，3.3.2 項で示したように円盤ガスは全体として中心星のほうに少しずつ落ちて行くので，結果として惑星はギャップの中にはまったまま，円盤ガスと一緒に中心星の方に落ちていくことになる．これを「**タイプ II 移動 (type II migration)**」と呼ぶ．タイプ I 移動が比較的質量が小さい惑星に効果的に働くのに対して，タイプ II 移動は巨大ガス惑星など質量が大きい惑星に対して働く．なお，このギャップの中の惑星と円盤ガスとの相互作用では惑星と近接相互作用するガスがなく，力学的摩擦は近接相互作用が本質的なので，軌道離心率の減衰は起こらない．

　ここで，ギャップが開く条件を考えてみよう．惑星は，重力散乱によって通り過ぎる円盤ガスを跳ね飛ばすので，惑星軌道付近の円盤ガスの密度が減少するが，そうなると粘性拡散やガスの圧力勾配によってその低密度領域にガスが流入しようとする．惑星の重力散乱が卓越すれば，ギャップが開く．まずは，跳ね飛ばしの効率を見積もってみる．惑星軌道の軌道長半径を a とすると，動径方向に Δa だけ離れた円軌道のガスが惑星の横を通過するときに惑星重力の影響によって得る動径方向の速度 δv は，3.6.1 項の散乱断面積の見積もりのときと同様にして $\delta v \sim (GM_\mathrm{p}/(\Delta a)^2) \times \delta t$ となる．ここで，通過時間 δt は，角度方向に $2\Delta a$ の距離を Δa だけ離れた場所のケプラー速度の違いである $|(d\Omega_\mathrm{K}/da) \cdot \Delta a| \cdot a \simeq 3\Omega_\mathrm{K}\Delta a/2$ の速度で通過する時間なので，$\delta t \sim (4/3)\Omega_\mathrm{K}^{-1}$ であり，また，δv は ev_K で近似できる．ヤコビ・エネルギー E_J 式 (3.117) の保存から，$\delta(\Delta a) \sim (2/3)(\delta v)^2/\Omega_\mathrm{K}^2 \Delta a \sim (32/27)(M_\mathrm{p}/M_*)^2 a^6/\Delta a^5 \sim (32/3)(\Delta a/r_\mathrm{H})^{-5} r_\mathrm{H}$．会合周期は $T_\mathrm{syn} \sim 2\pi a/[(3/2)\Delta a \Omega_\mathrm{K}]$ なので，惑星重力散乱による平均的な移動速度は，結局，

$$v_{r,\mathrm{scat}} \sim \frac{\delta(\Delta a)}{T_\mathrm{syn}} \sim \frac{8}{\pi}\left(\frac{\Delta a}{r_\mathrm{H}}\right)^{-4} \frac{r_\mathrm{H}^2}{a}\Omega_\mathrm{K} \qquad (3.139)$$

となる．粘性拡散による半径方向の移動速度は $v_{r,\mathrm{vis}} \sim \Delta a/(\nu/(\Delta a)^2) \sim \nu/\Delta a$

なので, $v_{r,\text{vis}} = v_{r,\text{scat}}$ とすると, $\Delta a \sim (8/9\pi)^{1/3}(M/M_*)^{2/3}(\Omega_\text{K} a^2/\nu)^{1/3} a$. これが $\sim r_\text{H}$ より小さければ, 釣り合いの位置ではガスが惑星に落ち込んでしまう. 逆に言えば, そうならないためには,

$$M_\text{p} > M_\text{g,vis} \simeq \frac{40\nu}{r\Omega_\text{K}} M_* \simeq 40\alpha \left(\frac{h}{a}\right)^2 M_*$$
$$\simeq 30 \left(\frac{\alpha}{10^{-3}}\right) \left(\frac{a}{1\text{AU}}\right)^{1/2} \left(\frac{M_*}{M_\odot}\right) M_\oplus,$$

となることが必要になる. ここで, 詳しい解析[39)]を使って係数を多少変えている.

次に, 圧力勾配によってガスがギャップに流入してしまう条件を考える. 圧力勾配は $-(1/\rho)(dP/dr) \sim c_s^2/\Delta a$ となる. これが潮汐力 $\sim 3GM_\text{p}\Delta a/a^3 = 3\Omega_\text{K}^2$ (式 (2.34)) と釣り合うのは, $\Delta a \sim \sqrt{3}h$ である ($c_s = h\Omega_\text{K}$ (式 (3.26)) を使った). $\Delta a \gtrsim r_\text{H}$ でなければギャップは埋められてしまうので, ギャップが開く条件は安全のためファクター 2 をかけて[40)], $r_\text{H} \gtrsim 2 \times \sqrt{3}h$ としておこう. $r_\text{H} = (M_\text{p}/3M_*)^{1/3} r$ なので, この条件を惑星質量の条件にすると

$$M_\text{p} \gtrsim M_\text{g,th} \simeq 3 \times 10^{-3} \left(\frac{r}{1\text{AU}}\right)^{3/4} \left(\frac{M_*}{M_\odot}\right)^{-3/2} \left(\frac{L_*}{L_\odot}\right)^{3/8} M_*$$
$$\simeq 10^3 \left(\frac{r}{1\text{AU}}\right)^{3/4} \left(\frac{M_*}{M_\odot}\right)^{-1/2} \left(\frac{L_*}{L_\odot}\right)^{3/8} M_\oplus. \qquad (3.140)$$

実際にギャップが開くためには, 式 (3.140) と式 (3.140) の両方が満たされなければならない. 一般に $M_\text{g,th} > M_\text{g,vis}$ なので, 結局, $M_\text{p} > M_\text{g,th}$ がギャップ形成条件となる. ただし, 不定性があることに注意.

一方で, $M_\text{p} > M_\text{g,vis}$ でも, クリアなギャップはできないまでも惑星軌道付近の円盤ガス密度は下げられるだろうから, 軌道移動がタイプ I からタイプ II に切り替わるのは $M_\text{p} \sim M_\text{g,vis}$ のときである可能性が高い.

円盤卓越領域

タイプ II 軌道移動の時間スケールを見積もってみよう. 惑星質量が円盤全体の質量に比べて十分に小さい場合 (円盤卓越領域) では, 移動速度は 3.3.2 項で

[39)] たとえば, Lin, D. N. C. & Papaloizou, J. C. B. in Protostars and Planets III, ed. E. H. Levy & J. I. Lunine (Tucson: Univ. Arizona Press), 749(1993) を参照.
[40)] このあたりは, 不定性が非常に大きい.

導いた円盤ガスの粘性拡散の速度に他ならず，時間スケールは軌道半径 r における局所的な粘性拡散時間に等しい．したがって，タイプ II 軌道移動の時間スケールは，3.3.2 項の議論で $r_d \to r$ として，

$$t_{\mathrm{mig}} \sim t_{\mathrm{vis}} \sim \frac{r}{v_r} \sim \frac{M_{\mathrm{d}}(r)}{\dot{M}}; \tag{3.141}$$

$$M_{\mathrm{d}}(r) = \int^r 2\pi r \Sigma_{\mathrm{g}}(r')dr' \tag{3.142}$$

となる．ここで $M_{\mathrm{d}}(r)$ は，r 以内の円盤質量．惑星の移動のことも考えるので，角運動量でも考えてみよう．その場合，

$$t_{\mathrm{vis}} \sim \frac{L_{\mathrm{d}}(r)}{\dot{j}}; \tag{3.143}$$

$$L_{\mathrm{d}}(r) = \int^r 2\pi r'\sqrt{GM_*r'}\Sigma_{\mathrm{g}}(r')dr' = \frac{3}{2}M_{\mathrm{d}}(r)\sqrt{GM_*r}, \tag{3.144}$$

$$\dot{j} = \dot{M}\sqrt{GM_*r} \tag{3.145}$$

と書くこともできる．ここで $\sqrt{GM_*r}$ は単位質量あたりの軌道角運動量であり，$L_{\mathrm{d}}(r)$ は r 以内の円盤角運動量で，$\Sigma_{\mathrm{g}}(r) \propto 1/r$ を仮定した．この式が示すことは，軌道半径 r での移動時間スケールは r より内側に入っている角運動量を抜くのに必要な時間とも解釈できるということである．

惑星卓越領域

惑星（質量 M）が存在する場合は，r より内側の円盤ガスに加えて，惑星の角運動量も抜かなくてはならないので，式 (3.143) の分子に惑星の角運動量も足して，

$$t_{\mathrm{mig}} \sim \frac{L_{\mathrm{d}}(r) + M\sqrt{GM_*r}}{\dot{j}} \sim \frac{M_{\mathrm{d}}(r) + M}{\dot{M}} \tag{3.146}$$

となる．惑星が非常に大きく成長したり，円盤ガスが消失していくと，$t_{\mathrm{mig}} \sim M/\dot{M}$ となる（惑星卓越領域）．この場合，$t_{\mathrm{mig}} \gg t_{\mathrm{vis}}(\sim M_{\mathrm{d}}(r)/\dot{M})$ となって，移動速度は遅くなる．

タイプ II 軌道移動の問題

ガス惑星は，円盤サイズ r_{d} よりも小さな軌道半径 r に形成される．当然のことながら $M_{\mathrm{d}}(r) < M_{\mathrm{d}}(r_{\mathrm{d}})$ なので，円盤卓越領域では $t_{\mathrm{mig}}(r) \sim M_{\mathrm{d}}(r)/\dot{M} < M_{\mathrm{d}}(r_{\mathrm{d}})/\dot{M} \sim t_{\mathrm{dep}}$ となって，タイプ II 軌道移動の時間スケール t_{mig} は円盤ガ

スの寿命 t_{dep} よりも必ず短くなる．つまり，ガス惑星は必ず内側に十分に移動して軌道長半径が 0.1AU 以下の「ホット・ジュピター」になってしまうことになる．例外は，円盤ガスが消失しかけのときに巨大ガス惑星が形成されて，惑星卓越領域になるときである．惑星卓越領域になるためには円盤ガスがかなり消失していなければならないのに対して，巨大ガス惑星になるためには円盤ガスがある程度必要で，うまいタイミングで惑星が形成されなければならない．

　ところが，系外惑星のデータを見ると，ホット・ジュピターの存在確率よりも，1AU 以遠にあるあまり移動していないと考えられるガス惑星の存在確率のほうが 10 倍以上高い．円盤ガスが消失しかけのときに形成されるという絶妙のタイミングが実現される確率がそんなに高いとは思えない．その矛盾を解決するためには，タイプ II 軌道移動がここでの見積もりよりも遅いことが必要となる．タイプ I 軌道移動と同様に，タイプ II 軌道移動も速すぎるということは，大きな謎となっている．

第4章 惑星分布生成モデル

4.1 太陽系惑星の作り分け

　この章では，惑星分布生成モデルを使って，第1章で紹介したような系外惑星の分布，特に系外惑星の多様性について議論していく．多様性の原因にはいろいろあるはずだが，まずは，太陽系惑星の中に存在している多様性，つまり，小型岩石惑星（水星，金星，地球，火星），巨大ガス惑星（木星，土星），そして中型氷惑星（天王星，海王星）という3種類の大きさや組成の異なる惑星がどのようにして生まれるのかを考えてみることにする．ポイントになるのは，コア集積モデルでは巨大ガス惑星は限られた場所で形成されるということである．ここでは，まずは軌道移動の効果を無視して，これまでに出した式をもとに巨大ガス惑星形成領域を見積もってみる．

　巨大ガス惑星が形成されるためには，1) 固体コア質量が限界コア質量 $M_{c,crit}$（式 (3.132)）を超えること，2) 式 (3.133) で与えられるケルビン=ヘルムホルツ収縮時間 τ_{KH} が円盤の寿命である数百万年以下になること，の2つが必要である．$M_{c,crit}$ は，微惑星集積率 $\dot{M}_c$ が下がるに応じてどんどん小さくなるので，コアが孤立質量に達すれば必ず $M_{c,crit}$ は十分に小さくなる．ところが，τ_{KH} は惑星質量が小さくなると急速に長くなるので，実際上は 2) の条件を満たすことができるかどうかが条件になる．ここでは式 (3.133) のべき指数に対して中間くらいの値の -3 を採用する．

$$\tau_{KH} \simeq 10^7 \left(\frac{M}{10M_\oplus}\right)^{-3} \left(\frac{\kappa}{\kappa_0}\right) \text{年}. \tag{4.1}$$

惑星のガスの外層部の吸収係数 κ の値はよくわからないが，κ はガス中のダストの量でほとんど決まり，惑星が集積した円盤ガスはこの段階では微惑星が抽出された後なのでダスト成分は欠乏しているはずあり，それに応じてここでは

仮に $\kappa/\kappa_0 \sim 0.1$ ととっておこう（この値については詳細な解析が今後必要である）．このとき，$\tau_{\rm KH}$ が数百万年以下になるためには $M \gtrsim 6 \sim 7 M_\oplus$ が要求される．コア質量が $M_{\rm c,crit}$ に近いときは，大気質量がコア質量と同程度の場合が多いので（3.7.1 項では 1/3 だった），ここでは甘めに見積もって，孤立質量が $\gtrsim 3 M_\oplus$ となることが 2) を満たす条件だとしよう．それに加えて，その質量までに数百万年以内に集積することの 2 つが，巨大ガス惑星が形成される必要条件となる．

孤立質量は式 (3.121) によって，

$$M_{\rm iso} \simeq 70 \left(\frac{\pi \Sigma_{\rm d} a^2}{M_*}\right)^{3/2} M_* \tag{4.2}$$

$$\sim 0.1 \eta_{\rm ice}^{3/2} \left(\frac{\Sigma_{\rm d}}{\Sigma_{\rm d,MMSN}}\right)^{3/2} \left(\frac{a}{1\,{\rm AU}}\right)^{3/4} \left(\frac{M_*}{M_\odot}\right)^{-1} M_\oplus \tag{4.3}$$

と与えられていた．ここで，円盤の固体成分の面密度 $\Sigma_{\rm d}$ は $r^{-3/2}$ に比例するとし，$\Sigma_{\rm d,MMSN}$ は太陽系復元モデルの値（式 (3.35)）である．$\eta_{\rm ice}$ は H_2O の凝結の効果で，

$$\eta_{\rm ice} = \begin{cases} 1 & [\text{for } r < r_{\rm ice}] \\ 4.2 & [\text{for } r > r_{\rm ice}]. \end{cases} \tag{4.4}$$

氷境界 $r_{\rm ice}$ は，

$$r_{\rm ice} = 2.7 \left(\frac{L_*}{L_\odot}\right)^{1/2} {\rm AU} \tag{4.5}$$

と与えられていた[1]．$M_* \sim M_\odot$ のもとに $M > 3 M_\oplus$ を課すと，$a \gtrsim 4.3 \times (\Sigma_{\rm d}/\Sigma_{\rm d,MMSN})^{-2}{\rm AU}$ という条件になる．

もう 1 つの条件を考える．コアの集積時間は，式 (3.104) で次のように与えられていた．

$$\tau_{\rm c,acc} \simeq \frac{1}{2} \frac{M}{\pi \Sigma_{\rm d} a^2} \left(\frac{a}{R}\right)^2 \left(\frac{v_{\rm disp}}{v_{\rm esc}}\right)^2 \frac{T_{\rm K}}{2\pi} \tag{4.6}$$

---

[1] 3.1 節で述べたように，円盤は早期の段階では面密度が高く光学的に厚くて粘性散逸による加熱で温度が高いので，$r_{\rm ice}$ は大きい．その後，円盤面密度の減少に伴って粘性散逸が弱くなるが，依然として光学的に厚いので円盤温度は低く，$r_{\rm ice}$ は 1AU 以下になる．やがて，円盤面密度が下がって光学的に薄くなると再び温度が上がって，式 (4.5) で与えられるような $r_{\rm ice}$ に落ち着く．詳しくは，Oka, A., Nakamoto, T. & Ida, S., *Astrophysical Journal* **738**, 141 (2011) を参照のこと．本来は，このような $r_{\rm ice}$ の進化を考慮して議論すべきだが，ここでは簡単のため，式 (4.5) によって $r_{\rm ice}$ を与えることにする．

$$\sim 3 \times 10^5 \eta_{\rm ice}^{-1} \left(\frac{\Sigma_{\rm d}}{\Sigma_{\rm d,MMSN}}\right)^{-1} \left(\frac{M}{M_\oplus}\right)^{1/3} \left(\frac{a}{1{\rm AU}}\right)^3 \left(\frac{M_*}{M_\odot}\right)^{-1/2} \text{年.} \quad (4.7)$$

ここで，$v_{\rm disp} \sim 0.1 v_{\rm esc}$ を仮定した（3.6.3 項参照）．$M_* \sim M_\oplus$ のもとに $M_{\rm iso} = 3 M_\oplus$ として $\tau_{\rm c,acc} < 3 \times 10^6$ 年を課すと，$a \lesssim 3.5 \times (\Sigma_{\rm d}/\Sigma_{\rm d,MMSN})^{1/3}$AU という条件になる．

これら 2 つの条件を合わせると，$\Sigma_{\rm d} \sim \Sigma_{\rm d,MMSN}$ の円盤では氷境界の外の 4AU 近傍のごく限られた範囲でのみ巨大ガス惑星が形成されることになる[2]．この範囲より内側では孤立質量が小さいのでガス流入が起こらず，外側では孤立質量は大きいが，集積に時間がかかりすぎて十分なコア質量になる前に円盤ガスが散逸してしまうということになる．氷境界の内側では $M_{\rm iso}$ が小さいので，小型の岩石惑星しかできない．巨大ガス惑星の形成領域の外側では $M_{\rm iso}$ は大きいものの，ガス集積はできずに中型の氷惑星が残る．

このように，中心星に近い側から小型の岩石惑星，巨大なガス惑星，中型の氷惑星という順で作り分けられて惑星が並ぶことになり，それは太陽系の姿をうまく説明する．また，$\Sigma_{\rm d} \sim \Sigma_{\rm d,MMSN}$ の円盤では，巨大ガス惑星が形成される時間スケールは数百万年〜一千万年で，円盤が消失するぎりぎりのタイミングである．つまり，タイプ II 軌道移動はあまり起こさないはずで，それも太陽系の姿とつじつまがあっている．

4.2 系外惑星の多様性の起源

系外惑星の発見

4.1 節に示したように，コア集積モデルを基本にした理論は太陽系の姿をうまく説明したので，他の惑星系も存在するとすれば太陽系と似た姿をしているはずだとかつては予想されていた．しかし，1.1 節で紹介したように，実際に発見された系外惑星の姿は全く違っており，実に多彩である．ひときわ異彩を放つのが，ホット・ジュピターやエキセントリック・ジュピターといった「異形

---

[2] 太陽系では 9.6AU にある土星も作らないといけないが，木星ができさえすれば，土星は急速に誘導されて形成するというアイデアもあり (Kobayashi, H., Ormel, C. W. & Ida, S. *Astrophysical Journal* **756**, 70 (2012))，まずは木星ができることが重要である．

ジュピター」である．ホット・ジュピターは土星や木星と同程度かそれ以上の質量をもっている巨大ガス惑星だが，0.1AU以下というような極端に中心星に近い軌道をまわっている．これらの軌道長半径は太陽系の木星・土星の軌道半径の50分の1以下であり，ホット・ジュピターは太陽系の形成を説明した4.1節の議論とは矛盾する．エキセントリック・ジュピターも，太陽系惑星では例を見ないような偏心した楕円軌道（軌道離心率が高い軌道）をもつ巨大ガス惑星である．このような高い離心率の起源も，4.1節の議論からだけで説明するのは難しい．惑星が円運動をしている円盤ガスを集積していくならば，円軌道のガス惑星が形成されるというのが自然だからである．

一方で，太陽系の木星や土星を彷彿させるような，軌道半径が大きく，円軌道に近い軌道をまわっている巨大ガス惑星も系外惑星系には存在しており，太陽系と似た姿の惑星系も一定の割合で存在しているようである．

系外惑星の多様性の起源

このような惑星系の多様性はどのように考えたらよいであろうか？第3章のはじめにも述べたように，現在最も支持されている考え方は，標準モデルを基本的な枠組みにして，そこに抜け落ちていた軌道移動や軌道不安定性などのプロセスを付け加えることである[3]．軌道移動のプロセスは4.1節の議論には考慮されていないが，軌道半径が大きな場所で形成された惑星を0.1AU以内というような内側に運ぶことができる．太陽系の惑星の軌道は極めて安定だが，もっと惑星軌道が詰まった（正確に言えば，ヒル半径で規格化した軌道間隔が小さい）惑星系では，長い時間をかければ軌道が不安定になり得る．そのように軌道が不安定化すれば，真円に近い軌道で生まれた惑星の軌道を楕円にすることができる．

太陽系では0.39AU以下の軌道に惑星は存在せず，惑星軌道は円に近く，特に巨大ガス惑星の軌道離心率は0.05程度なので，軌道移動や軌道不安定のプロセスは太陽系ではあまり有効に働かなかったのかもしれない．

それらが働くのかどうかを決める重要な要因の1つとして，原始惑星系円盤の初期状態，特に面密度の違いがある．3.2.3項で紹介した太陽系復元モデルを（海王星軌道がある）30AUまで積分すると，その総質量は$0.013M_\odot$になる．実

---

[3] あまりに多様なので，キャメロン・モデル（第3章まえがき参照）に立ち返って，自己重力不安定によって円盤が分裂し惑星ができた可能性も再検討されている．

は，その質量は観測されている若い星のまわりの円盤質量の典型値（存在確率がピークとなる値）とだいたい一致する．その一方で，円盤質量は $0.001 \sim 0.1 M_*$ というような 2 桁にもわたるようなばらつきが観測されている．星形成のさいに「一部」のガスが角運動量を捨てきれずに円盤を形成すると述べたが（2.1 節），$0.001 M_*$ でも $0.1 M_*$ でも中心星質量に比べたら「一部」であることには変わりないので，星形成のちょっとした初期条件，境界条件の違いによって，このような円盤質量のばらつきが生じることは不思議ではない．

もちろん中心星の質量の違いも惑星系の多様性を生む要因の 1 つにあるであろうが，太陽と同じくらいの質量の恒星だけに着目しても，多様な惑星系が発見されている（第 1 章の図 1.1, 1.2, 1.3 の惑星のデータの主星の大半は，太陽と同じくらいの質量の恒星であった）．まずは中心星の質量は固定して，4.1 節の議論の円盤面密度依存性に着目してみよう．

4.1 節の結果から，巨大ガス惑星が形成される軌道長半径の範囲は，

$$4.3 \left(\frac{\Sigma_{\rm d}}{\Sigma_{\rm d,MMSN}} \right)^{-2} {\rm AU} \lesssim a \lesssim 3.5 \left(\frac{\Sigma_{\rm d}}{\Sigma_{\rm d,MMSN}} \right)^{1/3} {\rm AU} \qquad (4.8)$$

と与えられる．後者の不等号はガス惑星の形成時間が円盤の寿命 $\sim 3 \times 10^6$ 年より短いという条件であった．$\Sigma_{\rm d} \lesssim \Sigma_{\rm d,MMSN}$ では巨大ガス惑星は形成されない．$\Sigma_{\rm d} \sim \Sigma_{\rm d,MMSN}$ では極めて限られた 4AU 近傍の領域で，円盤寿命のぎりぎりのタイミングで巨大ガス惑星が形成される[4]．3.8.2 項で説明したように，その場合，タイプ II 移動は効果的でなく，巨大ガス惑星はあまり動かないはずである．$\Sigma_{\rm d}$ が $\Sigma_{\rm d,MMSN}$ より十分に大きな円盤では，巨大ガス惑星形成領域は広く，その領域の内側のほうでは，円盤が散逸するよりも十分に早いタイミングで巨大ガス惑星が形成される．すると，タイプ II 移動が十分に効いてホット・ジュピターが形成されると考えられる．

巨大ガス惑星形成領域の中でも外側のほうではタイプ II 移動は効かないが，領域が広いので，数個以上の巨大ガス惑星が形成されると考えられる．そうなると，巨大ガス惑星同士がお互いの強い重力で軌道を乱して軌道が楕円になると考えられる．つまり，エキセントリック・ジュピターが形成されるのである．巨大ガス惑星同士の重力散乱に関しては，多数の N 体計算が行われていて，それをモデル化した半解析モデルもできている（4.3 節参照）．また，内側に散乱

---

[4] 4.1 節の脚注で述べたような，誘導形成の可能性は，ここではおいておく．

された巨大ガス惑星が，中心星の潮汐によって中心星のそばで円軌道化されてホット・ジュピターになるというモデルもある[5]．

次に，中心星質量の依存性について簡単にコメントしておこう．観測からは，円盤質量の平均値は中心星質量に比例すると示唆されている．一方で，中心星が軽くなると一般にルミノシティ L_* は急速に小さくなるので，式 (4.5) からわかるように，r_ice は小さくなる．前者の効果から，中心星が軽くなると巨大ガス惑星が作られにくくなることがわかる．これは観測的にも支持されている．後者の効果では，中心星が軽くなると固体惑星は岩石惑星というよりは氷を主成分にするものが多くなると考えられる．観測もそれを支持する結果が示唆されているが，まだ不定性は大きい．

系外惑星は 2014 年現在，発見がまだまだ加速的に続いており，新たな観測データがどんどん増えている．惑星表面温度が高過ぎず，低過ぎず，海が存在することが可能な軌道半径の範囲（ハビタブル・ゾーンと呼ぶ）に入っている地球型惑星とも思える小型の惑星もどんどん発見されてきていて，地球外生命の議論も活発になってきている．系外惑星の議論は，今後ますます拡大しながら発展していくことは間違いない．そのような議論を支える，太陽系および多様な系外惑星系を統一的に説明する一般的な惑星形成論の構築は道半ばであるが，本書で説明した物理過程を骨組みにして展開されていくはずである．

本書の最後では，まだ発展途上のものではあるが，そのような試みの 1 つとして第 1 章で紹介した「惑星分布生成モデル」のレシピとその結果の一端を紹介することにしよう．上記で，円盤の面密度が変わると惑星系の姿は必然的に変わるであろうということを示した．ということは，円盤の面密度（または円盤質量）の分布を与えれば形成される惑星の分布が推定できるわけで，それは図 1.1, 1.2, 1.3 のような観測データと直接比較できるものになる．

注意すべきは，「惑星分布生成モデル」はコア集積を基本とした理論モデルの集大成であって，さまざまな研究者による惑星形成の各段階での一つひとつの物理プロセスによる計算結果を取り扱いやすい形に適切に近似して組み合わせたものだということである．それぞれどのような論文をもとにしているのかはここではいちいち述べないので，興味がある読者は「惑星分布生成モデル」の

---

[5] Rasio, F. A. & Ford, B. E., *Science* **274**, 954 (1996), Nagasawa, M., Ida, S., & Bessho, T., *Astrophysical Journal* **678**, 498 (2008).

原著論文[6]を参照して欲しい．

4.3 惑星分布生成モデルのレシピ

円盤の初期条件

　原始惑星系円盤に関して，面密度の r 依存性がわかるまでの高解像度の観測は現時点ではまだなく，データとしてあるのは円盤内のダスト総質量と中心星へのガス降着率 $\dot{M}$ である．円盤のサイズに関しても観測はあるが，不定性が大きい．ダスト総質量の観測値に対してガス/ダスト比が 100 くらいだと仮定すれば，ガス成分を含めた円盤総質量を見積もることができる．ここで押さえておくべきことは，円盤質量もガス降着率も中心星質量を固定した場合に 2 桁程度のばらつきがあり，太陽系再現モデルを使って見積もったそれぞれの値は太陽質量程度の恒星のまわりの円盤に対する観測値の典型的な値になっていることである．

　これらを踏まえてここでは，固体成分の面密度の r 方向の分布としては太陽系復元モデルを拡張することにする．簡単のために円盤サイズは一定とし，太陽系復元モデルの面密度を基準にしてその 0.1 倍から 10 倍くらいの質量をもつ円盤を考える．具体的には，

$$\Sigma_\mathrm{d} = 10 f_\mathrm{d} f_\mathrm{ice} \left(\frac{r}{1\,\mathrm{AU}}\right)^{-3/2}\,\mathrm{g\,cm^{-2}} \tag{4.9}$$

$$\Sigma_\mathrm{g} = 2400 f_\mathrm{g} \left(\frac{r}{1\,\mathrm{AU}}\right)^{-3/2}\,\mathrm{g\,cm^{-2}} \tag{4.10}$$

とおくことにする．3.2.3 項で紹介したバージョンの太陽系復元モデルでは 1AU で $\Sigma_\mathrm{d} = 7\,\mathrm{g\,cm^{-2}}$ であったが，$\Sigma_\mathrm{d} = 10\,\mathrm{g\,cm^{-2}}$ もよく使われるので，ここではそれを採用した．f_ice はすでに出てきたとおり，$f_\mathrm{ice} = 1\,[r < r_\mathrm{ice}\,の場合]$，$4.2\,[r > r_\mathrm{ice}\,の場合]$ である．f_d と f_g は円盤質量のばらつきを表すスケーリング係数であり，観測データを反映させて，$\log_{10} f_\mathrm{d}$，$\log_{10} f_\mathrm{g}$ の平均値が 0 で分散が 1 のガウス分布になるように乱数で値を決める．この乱数をふって初期円盤を次々に作って，惑星系の最終状態を計算して重ね合わせることによって，図

---

[6] Ida, S. & Lin, D. N. C., *Astrophysical Journal* **604**, 388 (2004), Ida, S. & Lin, D. N. C., *Astrophysical Journal* **673**, 487 (2008), Ida, S., Nagasawa, M. & Lin, D. N. C., *Astrophysical Journal* **775**, 42 (2013) など．

1.1, 1.2, 1.3 と比較できる理論的な予測ができることになる．

なお，円盤ガスは数百万年程度で散逸していくことが観測からわかっている（3.3.3 項）．その効果を表すため，簡単に Σ_g を $\exp(-t/t_{\rm dep})$ に比例して，r によらずに一様に減衰させることにする[7]．$t_{\rm dep}$ は観測に対応して，各円盤ごとに $\log_{10} t_{\rm dep}$ の平均値が 6.5 で，分散 0.5 のガウス分布の乱数によって値を決める．光蒸発の効果を入れると r 依存性も入るが，ここでは簡単のためにそれは無視することにする．

3.3.2 項で紹介した自己相似解では，$\Sigma_g \propto r^{-1}$ であった．3.4 節で見たように，ダストとガスは独立に運動できるので，Σ_d と Σ_g の r 依存性は必ずしも同じでなくてよい．したがって，$\Sigma_g \propto r^{-1}$ として，ある距離（たとえば 10AU）で式 (4.10) の値に一致させるというとり方もできる．

このように，直接的な観測データがないため，別の観測データを制約条件に円盤の初期条件モデルを作った．しかし，ALMA 電波望遠鏡[8]による観測も進んでいるため，観測からの情報は今後増えていくはずで，それに応じて円盤初期条件モデルは改訂していく必要がある．

ダストから微惑星へ

まずは Σ_d の面密度分布をもったダストから微惑星への成長を考えなければならないが，3.5.1 項や 3.5.2 項でみたように，微惑星形成への道筋はまだよくわかっていない．ここでは簡単のため，ダストの面密度 Σ_d を微惑星の面密度だと読み替えることにする．このように微惑星の初期分布には不定性があるが，3.8 節で議論した惑星軌道移動があるので，微惑星の初期分布に対する惑星系の最終状態の依存性はあまり強くないかもしれない．

しかし，ダストから微惑星への進化の基礎過程を明らかにすること，特にダスト落下問題，跳ね返り・破壊障壁をいかに乗り越えるのかという問題は，惑星形成理論において最大級の課題の 1 つであり，系外惑星系の多様性および太

---

[7] 3.3.2 項の自己相似解のように $((t/t_{\rm dep})+1)^{-3/2}$ に比例させてもよい．
[8] ALMA（アルマ）望遠鏡は，パラボラアンテナ 66 台を最大で直径約 20 キロメートルの円の範囲に配置して，そのデータを組み合わせて高解像度なデータを得る巨大電波望遠鏡である．日本の国立天文台を代表とする東アジア連合，北米連合，ヨーロッパ連合が共同した国際プロジェクトで，チリの標高 5000 メートルの高地にあるアタカマ砂漠に展開している．2014 年現在ではアンテナ群の一部が稼働し始めたばかりであるが，すでに驚くべき解像度で原始惑星系円盤の姿をとらえている．

陽系の形成史を理解する上で本質的な問題である．また，それが明らかになった後で適切に組み込むことは，惑星分布生成モデルにとっても今後の大きな課題である．

ここでは微惑星を連続体として扱い，惑星の種をばらまいてその惑星の種の進化を追う．惑星の種は微惑星を集積して成長していくので，成長に応じてその惑星の種のフィーディング・ゾーン（3.6.4 項）内の微惑星を減らしていく．フィーディング・ゾーン内の微惑星量がゼロになれば，惑星の成長は止まる．それが孤立質量（式 (3.121)）である．惑星の種の軌道間隔は以下のように設定する．寡占成長（3.6.3 項）の理論では原始惑星は孤立質量まで成長するので，その質量のフィーディング・ゾーンの幅（$\sim 10r_\mathrm{H}$）ごとに惑星の種を置くというのが，1つの考えである．ただし，中心星から離れた領域では中心星の年齢まで計算しても孤立質量まで達しないことがあるので，その場合は設定した時間内に成長できる惑星質量のフィーディング・ゾーンの幅をとっておいたほうがよい．ただし，この惑星の種の置き方も（あまりにまばらに置き過ぎない限り）結果に大きくは影響しないので，神経質になる必要はない．やがて巨大衝突（3.6.4 項）が起こるので，詰めて置きすぎたとしても自動的に間引きされる．また，軌道移動や惑星間の散乱により，原始惑星の場所は進化とともに混合されていく．軌道移動がある場合，孤立質量に達する前に原始惑星が移動してしまう場合もあるが，残った微惑星から次の惑星の種を生成するようにしておけば，初期に置いた微惑星の量に応じて原始惑星が生成されることになるので，整合的になる．

惑星の成長

原始惑星の成長率は，式 (3.103) で与えられる．この式では $v_\mathrm{esc}/v_\mathrm{disp}$ がパラメータになっているが，v_esc は原始惑星の表面脱出速度，v_disp は原始惑星による散乱とガス抵抗の釣り合いで決まる微惑星の速度分散で与えられる．具体的には，

$$\frac{v_\mathrm{disp}}{v_\mathrm{esc}} \simeq 0.08 f_\mathrm{g}^{-1/5} \left(\frac{m}{10^{18}\mathrm{g}}\right)^{1/15} \left(\frac{a}{1\mathrm{AU}}\right)^{-3/20} \left(\frac{M_*}{M_\odot}\right)^{1/6} \tag{4.11}$$

となる．ここで m は微惑星の質量．原始惑星 M の質量の依存性が上式にないのは，$v_\mathrm{esc} \propto M^{1/3}$ でうまくスケールできているからである．これを式 (3.103)

に代入すると，

$$\frac{dM}{dt} = \frac{M}{\tau_{\text{c,acc}}};$$
$$\tau_{\text{c,acc}} = 1.5 \times 10^5 \eta_{\text{ice}}^{-1} f_{\text{d}}^{-1} f_{\text{g}}^{-2/5} \left(\frac{a}{1\text{AU}}\right)^{27/10} \left(\frac{M}{M_\oplus}\right)^{1/3} \left(\frac{M_*}{M_\odot}\right)^{-1/6} \text{年} \quad (4.12)$$

となる[9]．$\tau_{\text{c,acc}}$ は M が大きいほど長くなるので，惑星の成長時間は成長しきった段階での成長時間スケールが律速する．すなわち，惑星の種の初期質量の選び方は結果にほとんど影響しないので，適当な値をとっていい．

惑星質量 M が，式 (3.132) で与えられる限界コア質量，

$$M_{\text{c,crit}} \simeq 10 \left(\frac{\dot{M}}{M_\oplus/10^6\text{年}}\right)^{0.25} \left(\frac{\kappa}{\kappa_0}\right)^{0.25} M_\oplus \quad (4.13)$$

を超えると，円盤ガスが惑星に流れ込み始める．ここでは，もとの式のべき指数の $(0.2 \sim 0.3)$ を 0.25 とした．この式の中の $\dot{M}$ は，式 (4.12) で計算されたものを使う．ガス流入による惑星質量の増大率は式 (3.133)，

$$\frac{dM}{dt} = \frac{M}{\tau_{\text{KH}}};$$
$$\tau_{\text{KH}} = 10^7 \left(\frac{M}{10M_\oplus}\right)^{-3} \left(\frac{\kappa}{\kappa_0}\right) \text{年} \quad (4.14)$$

で与えられる．ここでは，もとの式のべき指数の $(2.3 \sim 4)$ を 3 とした．

惑星質量が大きくなると dM/dt が非常に大きくなり，円盤ガスの供給が追いつかなくなる．3.3.2 項の自己相似解を使うと，円盤ガスの供給率の上限は式 (3.3.2)，

$$\dot{M}_{\text{disk}} \simeq 3\pi\Sigma_{\text{g}}\nu \simeq 10^{-8} f_{\text{g}} \left(\frac{\alpha}{10^{-3}}\right)^{1/8} \left(\frac{L}{L_*}\right)^{1/8} M_\odot/\text{年} \quad (4.15)$$

で与えられる．式 (4.14) で計算される dM/dt が $\dot{M}_{\text{disk}}$ を超えたら，$dM/dt = \dot{M}_{\text{disk}}$ とする．このように与えておくと，f_{g} は $\exp(-t/t_{\text{dep}})$ に比例して減衰するので，円盤が散逸すれば自動的にガス集積による惑星の成長は止まる．

---

[9] 円盤ガスが散逸していくと $(f_{\text{g}} \to 0)$，v_{disp} は微惑星同士の衝突による減少と原始惑星重力による増加の釣り合いで決まるようになるので，式 (4.12) とはやや異なる形になる．

さらに惑星質量が大きくなって円盤にギャップを開けると，円盤ガスが散逸していなくともガスの流入率は下がる．完全にガスの流入がなくなるのかどうかについては，まだ議論があるが，ここでは式 (3.140) のギャップ形成条件を採用し，$M > M_{\rm g,th}$ となったら惑星へのガスの流入は消えるとする．ここで，

$$M_{\rm g,th} \simeq 10^3 \left(\frac{a}{1{\rm AU}}\right)^{3/4} \left(\frac{L_*}{L_\odot}\right)^{3/8} \left(\frac{M_*}{M_\odot}\right)^{-1/2} M_\oplus. \tag{4.16}$$

ただし，ギャップが開く条件およびガスの流入率の減衰には，まだ不定性があることに注意されたい．

惑星の軌道移動

惑星は成長しながら軌道を移動させていく．まずはタイプ I 移動であり，円盤にギャップを開けるようになるとタイプ II 移動に移行する．タイプ I 移動時間スケールは式 (3.138) に与えられていて，具体的に書くと，(亜音速の場合の) 惑星の軌道長半径の変化率は，

$$\begin{aligned}\frac{da}{dt} &= -\frac{a}{\tau_{\rm mig,I}}; \\ \tau_{\rm mig,I} &\simeq 5 \times 10^4 \times f_{\rm g}^{-1} \left(\frac{M}{M_\oplus}\right)^{-1} \left(\frac{a}{1{\rm AU}}\right) \left(\frac{M_*}{M_\odot}\right)^{3/2} \text{年}\end{aligned} \tag{4.17}$$

と与えられる．ただし，この式だと移動が速すぎるという「惑星落下問題」もあるので (3.8 節)，ここでは不定性があることも考えて，移動速度を定数倍だけ減速させて計算しておくことにする．実は，上記の式は等温円盤の場合の式であって，円盤に温度勾配がある場合は符号も含めて係数が大きく変わるという指摘もあり[10]，現在議論が続いている．「惑星落下問題」も惑星形成理論における大きな課題である．

タイプ I 軌道移動の速さは惑星質量に比例するので，はじめのうちは軌道がほとんど変化しないままに原始惑星は成長するが，M が大きくなって $\tau_{\rm c,acc} > \tau_{\rm mig,I}$ を満たすようになると，移動が卓越するようになってくる．太陽系復元円盤程度のガス面密度 ($f_{\rm g} \sim 1$) の円盤の 1AU では，地球質量より若干小さい質量が成長卓越から移動卓越への移行質量になるが，孤立質量は地球質量の 1/10 程度

---

[10] Paardekooper, S.-J., Baruteau, C. & Kley, W. *Monthly Notice of Royal Astronomical Society* **410**, 293 (2011).

なので，孤立質量に達して微惑星集積による成長が止まってから移動が始まることになる．ただし，軌道長半径が大きくなると $\tau_{c,acc}$ は，$\tau_{mig,I}$ に比べて急速に増大するので，軌道長半径が大きい場所では孤立質量に達する前に移動卓越になる．残った微惑星からは，次の原始惑星が成長していくことになる．

軌道移動からタイプ I からタイプ II に移行する質量は，ここでは式 (3.140) の条件 $M > M_{g,vis}$ を採用する．ここで，

$$M_{g,vis} \simeq 30 \left(\frac{\alpha}{10^{-3}}\right) \left(\frac{a}{1\mathrm{AU}}\right)^{1/2} \left(\frac{M_*}{M_\odot}\right) M_\oplus. \qquad (4.18)$$

初期条件として惑星の種に対して上記の dM/dt および da/dt を連立させて数値的に積分すれば，惑星の成長および移動を計算することができる．ただし，これだけでは惑星同士の重力相互作用および衝突が記述できていない．

共鳴捕獲

円盤のギャップ形成は惑星の重力散乱で円盤ガスが跳ね飛ばされた結果であるが，惑星同士も，近づけば跳ね飛ばし合う．惑星の軌道周期が整数比，特に $n : n-1$ という比になっている位置関係では，同じような散乱が積み重なるので跳ね飛ばしの効果が強くなる．このような関係を「平均運動共鳴」と呼ぶ．

軌道移動の速度は惑星質量に依存するので惑星の軌道同士が近づいていく場合があるが，その場合，ある平均運動共鳴の位置に捕獲されることがある．これを「共鳴捕獲」と呼んでいる．近づく速度が大きいと惑星は共鳴を突破するが，その内側にも n が大きな共鳴があり，間隔が小さいほど相互重力が大きく共鳴は強くなるので，そのうちどこかの共鳴に捕獲される（実際には捕獲されない場合もあるが，それは以下に述べる）．

共鳴に捕獲されると軌道周期を保存したまま，つまり軌道長半径の比を保存したまま，惑星は軌道移動していく．円盤が中心星の近くで途切れていると軌道移動は止まるので，共鳴に次々とはまった原始惑星が並ぶことになる．数値シミュレーションによると，軌道間隔が $\sim 5r_H$ の共鳴に捕獲されることが多いので，ここでは軌道間隔を $5r_H$ に設定する．

惑星間の重力散乱および衝突

2 つの惑星が近づく速度が十分大きい場合，次々と平均運動共鳴の捕獲を逃れて軌道間隔が $2\sqrt{3}r_H = 2\sqrt{3}((m_1 + m_2)/3M_*)^{1/3}a$ よりも小さくなることが

ある（ここで，m_1, m_2 を 2 つの惑星の質量とした）．そこまで近づくと隣り合う共鳴が重なるので（共鳴は，正確に $n:n-1$ の周期比でなくても影響を及ぼすので，共鳴現象が起こる軌道間隔には幅がある），カオス的な運動をするようになり，その結果，近接遭遇を繰り返して強い散乱を受けたり衝突したりする．

3.6.1 項で示したように，ガスによる離心率の減衰が弱い場合には，同じくらいの質量の惑星同士の重力散乱が続くと，惑星の表面脱出速度 v_esc 程度まで，惑星の速度分散 v_disp が跳ね上げられる．ここで，

$$v_\mathrm{esc} = \sqrt{\frac{2GM}{R}} \sim 10 \left(\frac{M}{M_\oplus}\right)^{1/3} \left(\frac{\rho}{3 \text{ g/cm}^3}\right)^{1/6} \text{km/s}$$
$$\sim 0.3 \left(\frac{M}{M_\oplus}\right)^{1/3} \left(\frac{\rho}{3 \text{ g/cm}^3}\right)^{1/6} \left(\frac{a}{1\mathrm{AU}}\right)^{1/2} v_\mathrm{K}. \quad (4.19)$$

$v_\mathrm{esc} > v_\mathrm{K}$ の場合は，どちらかの惑星が系外に放出されることが多い．下記のように，残った惑星は角運動量を失い（感覚的には反動でと言ったほうがわかりやすいかもしれないが），楕円軌道で残る．軌道計算の結果を見ると，惑星は 1 回の散乱でいきなり $v_\mathrm{disp} > v_\mathrm{K}$ にはならず，散乱を繰り返していくうちにだんだんと v_disp が上昇し，v_K になった時点で放出される．

どちらかの惑星が系外に放出された場合に，残った惑星の軌道要素は以下のように見積もることができる．2 つの惑星の質量，軌道長半径，離心率を m_j, a_j, e_j, ($j=1,2$) とする．初期値を下添字 "$_0$" で表し，放出されるほうの惑星を $j=2$ とする．初期の軌道離心率はゼロの場合を考える．$a_2 \to \infty$ なので，軌道エネルギーの保存から

$$\frac{m_1}{a_1} = \frac{m_1}{a_{1,0}} + \frac{m_2}{a_{2,0}}. \quad (4.20)$$

明らかに $a_1 < a_{1,0}$ であり，惑星 1 は内側に押し込まれることがわかる．角運動量の保存は，

$$m_1 \sqrt{a_{1,0}} + m_2 \sqrt{a_{2,0}}$$
$$= m_1 \sqrt{a_1(1+e_1)(1-e_1)} + m_2 \sqrt{a_2(1-e_2)(1+e_2)} \quad (4.21)$$
$$\simeq m_1 \sqrt{a_{1,0}(1-e_1)} + m_2 \sqrt{a_{2,0} \times 2}, \quad (4.22)$$

となる．ここで，内側に飛ばされた惑星 1 の遠点半径は $a_{1,0}$ に近いはずなので $a_1(1+e_1) \sim a_{1,0}$ とし，放出された惑星の近点半径は $a_{2,0}$ に近いはずなので

$a_2(1-e_2) \sim a_{2,0}$ とした．式 (4.20), (4.22) を解くと，

$$e_1 \simeq 2(\sqrt{2}-1)\frac{m_2}{m_1}\sqrt{\frac{a_{2,0}}{a_{1,0}}} - (\sqrt{2}-1)^2\left(\frac{m_2}{m_1}\right)^2\frac{a_{2,0}}{a_{1,0}}$$
$$\simeq 0.83\frac{m_2}{m_1} - 0.17\left(\frac{m_2}{m_1}\right)^2 \qquad (4.23)$$

となる．惑星分布生成モデルでは，コンピュータ・シミュレーションによる軌道計算結果と整合的になるように，このように求めた e_1 に幅をもたせる[11]．

$v_{\rm esc} < v_{\rm K}$ の場合は放出ができないので，衝突合体するまで重力散乱が続くことになる．衝突した場合は衝突の際にエネルギーが減衰するのだが，軌道エネルギーが保存するとすると（実際上，これはよい近似になっている），合体した惑星の軌道長半径を a_{12} として，

$$\frac{m_1+m_2}{a_{12}} = \frac{m_1}{a_{1,0}} + \frac{m_2}{a_{2,0}} \qquad (4.24)$$

となる．軌道離心率は衝突によって，初期値近くに戻る．

これまで，2 つの円軌道の惑星を考え，その軌道長半径の差が $2\sqrt{3}r_{\rm H}$ 以下になった場合に軌道交差が起こり近接散乱や衝突が起こるとした．3 つ以上の惑星の場合は事情が異なり，このような軌道間隔のしきい値は存在せず，軌道間隔と惑星質量に応じたある一定の時間 ($\tau_{\rm cross}$) が経過すると軌道離心率が上昇を始めて軌道交差が始まる[12]．$\tau_{\rm cross}$ の値についてはいまだ理論モデルが完成されていないが，コンピュータ・シミュレーションによる軌道計算結果をフィッティングして，以下のような経験式が得られている[13]．各惑星ペア (i,j) について，

$$\log\left(\frac{\tau_{\rm cross}}{T_{\rm K}}\right) = A + B\log\left(\frac{b}{2.3r_{\rm H}}\right) \qquad (4.25)$$

をまず計算する．ここで，$T_{\rm K}$ は平均的な軌道長半径 $a(=\sqrt{a_i a_j})$ におけるケプラー周期，$b=|a_i-a_j|$, $r_{\rm H}=((m_i+m_j)/3M_*)^{1/3}\min(a_i,a_j)$ である．数係数 A, B は，

---

[11] 詳しくは，前出の Ida, S., Nagasawa, M. & Lin, D. N. C. (2013) を参照．
[12] Chambers, J. E., Wetherill, G. W. & Boss, A. P., *Icarus*, **119**, 261 (1996), 前出の Marzari, F. & Weidenschilling, S. J. (2002) を参照．
[13] 前出の Ida, S., Nagasawa, M. & Lin, D. N. C. (2013).

$$\begin{aligned}
A &= -2 + e_0 - 0.27 \log \mu, \\
B &= 18.7 + 1.1 \log \mu - (16.8 + 1.2 \log \mu)e_0, \\
e_0 &= \tfrac{1}{2}\tfrac{(e_i+e_j)a}{b}, \\
\mu &= \tfrac{(m_i+m_j)/2}{M_*},
\end{aligned} \qquad (4.26)$$

と与えられている.各惑星ペアに対して計算された τ_{cross} の最小値が,この系で実際に軌道不安定が起こるまでの時間と見なすことができる.

最小の τ_{cross} が経過したら,軌道交差を計算する.1つでもある惑星の v_{esc} が v_{K} を越えている場合は放出が起こるとし,すべての惑星について $v_{\mathrm{esc}} < v_{\mathrm{K}}$ となる場合は軌道交差をしている惑星の中のペアで衝突が起こるとする.放出または衝突を起こした後,新しい軌道配置のもとに再び τ_{cross} を計算し軌道交差を計算するということをくり返し,はじめに設定した時間(ここでは 10^9 年とした)に達するまで計算する.式 (4.25) からわかることは,放出や衝突が起こって惑星の数が減り,b が大きくなると,τ_{cross} が一気に何桁も大きくなり得るということである.つまり,放出や衝突が起こると系が安定になる傾向がある.

惑星が3つ以上の場合の放出・衝突の扱いは半解析的にできるが,ここに詳述するのはあまりに煩雑になるので,興味がある読者は参考文献[14]を参照されたい.

4.4 惑星分布生成モデルが示すもの

惑星系の形成シミュレーションの例

これまでのレシピを使って計算した例を示そう.図 4.1 は,太陽系復元モデルより若干重い円盤からスタートした惑星の形成計算結果である.左の2つの図が進化過程を表し,右の2つの図が 10^9 年まで計算して形成された惑星の軌道と質量を表す.この例では,タイプ I 軌道移動は式 (4.17) の 1/10 の速さで計算した.円盤の散逸時間は $\tau_{\mathrm{dep}} = 3 \times 10^6$ 年とした.

惑星ははじめ微惑星を集積して成長し,成長が軌道移動より卓越するので左下の図で下から上にまっすぐに進む.0.1〜1AU では惑星質量が 0.1〜1$M_\oplus$ くらいになるとタイプ I 軌道移動が卓越するようになるので,左下の図で,今度

---

[14] 前出の Ida, S., Nagasawa, M. & Lin, D. N. C. (2013).

第 4 章 惑星分布生成モデル

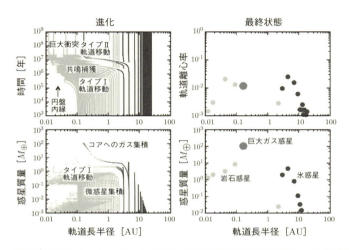

図 4.1 惑星系形成シミュレーションの例．中心星質量は太陽質量で，太陽系復元モデルの面密度より 2 倍大きい面密度 ($f_d = f_g = 2$) の円盤を用いて，10^9 年まで計算した．左図が進化経路で，右図が形成された惑星の軌道，質量を表す．タイプ I 軌道移動は，式 (4.17) の 1/10 の速さで与えた．氷境界は 2.7AU とし，円盤の散逸時間は $\tau_{\rm dep} = 3 \times 10^6$ 年とした（脚注 6）の Ida, Lin, Nagasawa (2013) の図を改変）．

は進化経路が降り曲がって左に進むようになる．大きな惑星ほど速く移動するので，内側領域では惑星が次々と共鳴移動にはまり，一番内側の惑星が円盤の内縁に達すると移動は止まる．円盤ガスが散逸すると円盤からの力学的摩擦がなくなるので，惑星の軌道離心率が上がって軌道交差が始まり，巨大衝突が起こる．

氷境界の外では地球質量の数倍のコアが形成され，タイプ I の軌道移動をしながらも成長を続け，やがてガス集積が始まる．ガス集積によって惑星質量は一気に増大し，軌道移動はタイプ II に移行する．さらに外側の領域では微惑星集積が遅いため 10^9 年たっても孤立質量にまで達せず，地球質量よりはるかに小さな質量の惑星しかできない．

最終的に形成された惑星は右図である．この場合，0.1AU 以内に 4 個のホット・スーパーアースが形成され，その外に巨大ガス惑星，さらに 2AU 以遠に氷惑星が形成された．この系では，巨大ガス惑星が成長する際に近くの小さな惑星が共鳴捕獲を突き破って巨大ガス惑星に近接遭遇し，放出される．しかし，

巨大ガス惑星は1個だけなので巨大ガス惑星同士の激しい重力散乱は起こらない．内側領域での岩石惑星の巨大衝突では，軌道交差の最中は $e \sim 0.1$ くらいまで上がっているが，衝突の際に e が減衰する．したがってこの系では，残った惑星の軌道離心率は小さい．

円盤面密度依存性

次に円盤面密度の依存性を見てみる．図4.2に，微惑星面密度 f_d を変えた場合に形成される惑星系を示してある．ガス面密度 f_g も f_d に比例させて大きくしている．一つひとつの図が，初期条件が異なる円盤から形成された惑星系を表す．上のほうが面密度が大きい初期円盤に対応し，初期の惑星の種の場所と重力散乱を記述する乱数を変えた結果を横3列で並べてある（つまり，同じ行にあれば f_d は同じである）．面密度が大きくなると大きな惑星ができるのは，孤立質量 ($M_{\rm iso}$) が $f_d^{3/2}$ に比例するからである（式(3.121)）．大きな惑星が円盤散逸前に短い時間できると，さらにガス集積が起きて巨大ガス惑星が形成されるため，ますます面密度依存性のコントラストがつく．

惑星軌道間隔は $r_H \propto M^{1/3}$ に比例するので，大きな惑星ができる系ほど形成される惑星の数は少なくなる．図の縦軸は軌道離心率である．これを見ると，重い円盤から出発した惑星系ほど大きな軌道離心率をもつ惑星が形成されている．これは4.2節で予測したように，重い円盤では複数の巨大ガス惑星が形成され，軌道不安定を起こし，巨大ガス惑星同士の重力散乱が起こるからである．このようにして「エキセントリック・ジュピター」が形成されるというのが，現時点での標準的な考えである．また，同じく4.2節で予測したように，重い円盤ではタイプII移動も効果的なので，「ホット・ジュピター」も形成されている．

形成されたエキセントリック・ジュピターの中には軌道離心率が1に近く，近点距離が中心星にかなり近くなる場合がある．そのような場合，2.5節で説明した中心星と惑星の潮汐相互作用が働き，惑星は中心星に近づくたびに変形させられてエネルギーを失い，惑星軌道はほとんど近点距離を保存したまま遠点距離が減衰し，ホット・ジュピターが形成される．軌道離心率が比較的大きなホット・ジュピターや軌道面が傾いたホット・ジュピターも発見されていることから，このようなホット・ジュピターの形成もあるであろうと想像されている（タイプII移動では軌道離心率や軌道面傾斜はあまり起きない）．

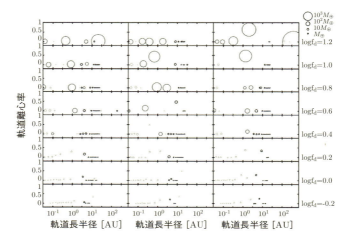

図 4.2　惑星系の円盤面密度依存性. 微惑星面密度 f_d を変えた場合の惑星系をプロットしてある. 上のほうが面密度が大きい円盤. 3 列あるのは, 初期の惑星の種の場所と重力散乱を記述する乱数を変えた結果である (同じ行にあれば f_d は同じ). 円の大きさが惑星の質量を表す. 大きさと質量の対応関係は右上に示してある. 図 4.1 と同様に, 中心星の質量は太陽質量. タイプ I 軌道移動は, 式 (4.17) の 1/10 の速さで与えた. 氷境界は 2.7AU とし, 円盤の散逸時間は $\tau_{\rm dep} = 3 \times 10^6$ 年とした (脚注 6) の Ida, Lin, Nagasawa (2013) の図を改変).

系外惑星分布の予測

これまで見てきたような計算をさまざまな微惑星面密度 f_d の初期値をもつ円盤に対して行って, 最終状態の惑星の質量・軌道分布を重ね合わせたのが図 4.3 である. この図では, 10,000 個の惑星系の結果を重ね合わせている. f_d の初期の分布は, $\log_{10} f_d$ と $\log_{10} f_g$ の平均値が 0, 分散 1 のガウス分布を使った.

まず, 右上の軌道離心率と惑星質量の分布をみてほしい. 明らかに重い惑星ほど大きな軌道離心率をもっている. 直感的には, 軽い惑星ほどいろいろな摂動を受けて軌道が歪みやすいようにも思うが, それとは反している. この相関は, 以下のように説明される. すでに見たように, 重い円盤では一般に重い惑星, 特に巨大ガス惑星が形成される. さらに言うと, 図 4.2 で見たように複数の巨大ガス惑星が形成され, 質量の小さな惑星は形成されにくい. このような複数の巨大惑星がある惑星系は軌道不安定を起こしやすく, 巨大ガス惑星同士の重力散乱が起こって巨大ガス惑星の軌道離心率が大きく跳ね上げられることになる. 一方で, 軽い円盤では軽い惑星が多数形成され軌道交差や巨大衝突も

4.4 惑星分布生成モデルが示すもの

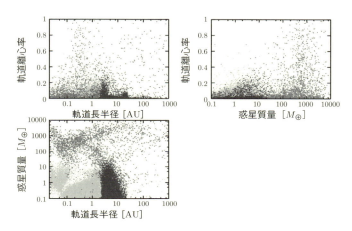

図 4.3 系外惑星の軌道・質量分布の理論予測．f_d の初期の分布は，$\log_{10} f_d$ と $\log_{10} f_g$ の平均値が 0，分散 1 のガウス分布にとった．その他のパラメータは図 4.1・図 4.2 と同じである（脚注 6）の Ida, Lin, Nagasawa (2013) の図を改変）．

起こるが，軌道離心率が大きく跳ね上げられることはない．したがって，すべての円盤の結果をまとめてみると，「重い惑星ほど大きな軌道離心率をもつ」という相関が得られる．1 つの惑星系で見れば，やはり重い惑星ほど軌道離心率が小さい．

観測データでも全く同じ相関が得られており（図 1.2），惑星分布生成モデルはこれを見事に説明していると言える．左上の軌道離心率と軌道長半径の分布はあまり明らかな相関が見られないが，あえて言えば 0.1〜1AU で大きな軌道離心率が現れている．それは，そのあたりで巨大ガス惑星同士の重力散乱が起こりやすいからである．観測データはここでは特に示していないが，この理論予測分布と整合的である．

ただし，理論予測よりも観測データのほうがエキセントリック・ジュピターの割合が明らかに多い．理論では $e > 0.2$ のものが 20%程度なのに対して，観測では 50%程度になっている．実際の系外惑星系では，巨大ガス惑星がもっと高い確率で軌道不安定を起こしていると推測される．理論モデルでは何かが欠けているようであり，それに対しての検討も行っている．

次に，左下の惑星質量と軌道長半径の分布を見て欲しい．比較すべき観測データは図 1.1 と図 1.3 である．まず指摘しておきたいのは，まだ巨大ガス惑星し

か発見されていなかった頃に，惑星分布生成モデルは巨大ガス惑星よりはるかに高い存在確率の小型岩石惑星や氷惑星の存在を予測していた．観測が進むにつれ，実際に巨大ガス惑星より小さなスーパーアースが多数発見されるようになった．

ただし，中心星に近い距離をまわるスーパーアースが高い存在確率で発見されることは予測されていなかった．その観測を受けて，図 4.1 で示されたような円盤内縁での共鳴捕獲や巨大衝突という過程が，それまでの理論モデルに抜けていることがわかった．その過程をモデルに取り入れると，中心星に近い距離をまわるスーパーアース（ホット・スーパーアース）が図 4.3 のように再現できるようになった．このように，惑星分布生成モデルは観測を予測するとともに，惑星形成モデルを較正し，新たな理論モデルを導くのである．

惑星質量と軌道長半径の分布においては，理論モデルと観測データに際立った食い違いがある．理論モデルでは巨大ガス惑星の軌道長半径についての分布が対数目盛りでほぼ一様であるのに対して，図 1.1 を見ると，巨大ガス惑星は明らかに $\gtrsim$ 1AU にたまっている．結果として，ホット・ジュピターの存在確率については理論予測（太陽型星で 10%程度）よりも観測データ（太陽型星で 1%程度）のほうがかなり低い．一方でホット・スーパーアースに関しては，理論予測では円盤内縁付近 ($\sim 0.03-0.1$AU) にかたまっているのに対して，図 1.1 や図 1.3 に示されているように，観測では軌道長半径についての分布は滑らかに広がっている．これらのことが示しているのは，おそらくタイプ I，タイプ II の両方の軌道移動の理論にまだ大きな不備があるであろうということである．現在，軌道移動の理論の再点検が精力的に行われている．

これからの観測

ここまで，惑星形成理論における問題点およびその問題点に対しての現在の取り組みのアイデアについて，そのときどきでコメントしてきた．しかし，系外惑星の研究では何と言っても新しい観測データが理論モデルを前進させる．系外惑星の探索については，今後も新しい観測計画が目白押しである．

これまで太陽と同じような質量の F，G，K 型星に偏っていた系外惑星の観測は，もっと軽い M 型星や逆に重い A 型星についても進むであろう．中心星の質量が変わることで，惑星系の姿がどのように変わるのかということは観測においても理論においても極めて重要な問題である．M 型星は表面温度が低め

なので，可視光よりも長波長の赤外線を主に出す．これまで視線速度法で用いられていた分光器は可視光用なので，M型星の観測には向いていなかった．現在，赤外線分光器の開発が世界中で行われており，すばる望遠鏡用の赤外線分光器も2015年には観測を始める予定である．

　また，重力マイクロレンズ法では恒星の明るさは関係なく，われわれから見て背景の恒星の前を横切る確率の高さ，すなわち数の多さが重要となる．M型星は暗いが数が多い．つまり，重力マイクロレンズ法はM型星の惑星の観測に有利である．重力マイクロレンズ法は一度きりの現象なので，増光が起きている間にどれだけ精密観測ができるのかが勝負である．現在，地球上の経度が異なる場所に次々と重力マイクロレンズ法用の望遠鏡が完成し，国際的な協力のもとに観測網が完備しつつあり，今後，重力マイクロレンズ法によるM型星を中心とした惑星の観測が増えてくるはずである．また，NASAは重力マイクロレンズ法観測を宇宙空間で行う，WFIRST(Wide-Field Infrared Survey Telescope)を2020年代に打ち上げることを計画している．

　一方でA型星については，表面温度が高すぎてスペクトルに吸収線がほとんどないので，視線速度観測は難しい．また，A型星は数が少ないので，トランジット観測も効率が悪い．A型の主系列星が進化して巨星になると，表面温度が下がって視線速度観測が可能になるが，巨星表面の脈動が観測を邪魔したり，中心星が膨張したことで潮汐力で惑星を落としたりして影響を与えるという問題がある．しかし，A型星の惑星の観測についても新しいアイデアが出てくるであろう．

　視線速度法とトランジット法の両方で観測できる惑星については，質量とサイズの両方が測定できることから平均密度が計算できるので，内部の組成が推定できる．惑星の代表的な材料物質である鉄，ケイ酸塩鉱物，氷，水素・ヘリウムガスはこの順で密度が低くなっているので，平均密度から惑星での各成分の比率がある程度推定可能なのである[15]．

　しかし，視線速度観測は実視等級が明るい中心星でしかできない．2009年打ち上げのケプラー宇宙望遠鏡は狭い視野内の恒星についてのトランジット・サーベイをしていたので，惑星や惑星候補が発見された中心星のほとんどが暗すぎて視線速度法での観測は不可能であった．それに対して，欧州宇宙機関(ESA)とスイスが

---

[15] もちろん，氷惑星や岩石惑星（鉄，ケイ酸塩）を水素・ヘリウム大気が取り巻いている惑星は同じような平均密度になりえて，縮退はあるが．

共同開発し 2017 年に打ち上げる予定の宇宙望遠鏡 CHEOPS(CHaracterising ExOPlanets Satellite) は，すでに視線速度法で発見された惑星が食を起こすかどうかを調べる．同じく 2017 年打ち上げ予定の NASA の宇宙望遠鏡 TESS(Transiting Exoplanet Survey Satellite) は，全天の明るい恒星（すなわち視線速度法による追加観測が可能な恒星）をサーベイしてトランジット法で惑星探しを行う．惑星の平均密度について，今後急速にデータが集まっていくであろう．

また，トランジット法では惑星大気組成についても情報が得られる．2020 年代に稼働する予定の TMT や E-ELT という大口径望遠鏡による直接撮像観測では，大口径による高分解能によって，強烈な中心星光の影響を避けて惑星からの光を取り出す．惑星からの光のスペクトルをとれば，惑星の大気組成がわかる．しかし，食を起こす惑星では，現在の望遠鏡でも大気組成の観測が可能である．望遠鏡によって空間的に中心星と惑星が分解できていなくても，惑星が勝手に中心星の前を横切ったり，後ろに隠れたりする．中心星の前を横切っているときは，中心星の光の一部は惑星の大気を通過してくる．そこで中心星の前を横切っていないときのスペクトルとの差をとると，そこに惑星大気の情報が含まれている．このような観測は 2010 年を過ぎたあたりから盛んになってきた．

このように，これまでは軌道や質量といった惑星の力学的特徴の観測が主であったが，内部構造や大気といった，惑星についての化学的特徴のデータがどんどん得られようとしている．惑星分布生成モデルでは，惑星がどのような組成（鉄，岩石，氷の割合）の微惑星を集積し，どれくらいの水素・ヘリウムガスを集積したかを追跡しているので，このような化学的情報との比較も可能であり，そのような理論と観測との比較は今後極めて重要になっていくであろう．

最初に述べたように，惑星分布生成モデルは特定の事柄に対する説明や発見ではなく，その方法論に意義がある．惑星分布生成モデルは観測の発展に伴って今後ますます発展し，惑星形成理論の基礎過程の整備に資するだけでなく，新しい観測プロジェクトの立案にも大いに力を発揮していくだろう．

参考図書

惑星形成論に関するもの

まえがきにも書いたように，系外惑星の研究分野の発展はあまりに急激なために，系外惑星を射程においた惑星形成論のテキストやレビューは十分に完備されていない．日本語での数少ない図書は，一般啓蒙書を含めてほとんどが本書の著者たちが関わったものになってしまうが，紹介しておくことにしよう．

- 「系外惑星」 井田 茂 著（東大出版会, 2007）
  大学院生レベル以上向けの日本語では唯一の専門書．本書の第3章と内容的には重なる部分が多いが，本書で詳しい導出や説明を省略した部分についての記述もある．本書では述べなかった，潮汐軌道進化についての記述もある．
- "Astrophysics of Planet Formation" P. Armitage 著 (Cambridge University Press, 2009)
  大学院生レベル以上向けの英語では唯一の専門書．上記「系外惑星」とは，詳しく説明されている部分が異なる．たとえば，原始惑星系円盤の進化については，詳しい．
- "Exoplanets" S. Seager 編 (University of Arizona Press, 2011)
  多数の著者が多数のトピックスについて専門的にレビューしたオムニバスの本．トピックスは独立して全体の流れはなく，惑星形成過程を網羅している訳ではないが，惑星形成理論に限らずに観測も含めた系外惑星研究全般からトピックスが選定されている．
- 「新・太陽系」井田 茂・中本 泰史 著（ソフトバンククリエイティブ, 2009）
  本書と内容の骨組みは似ているが，数式を使わずに説明した一般啓蒙書．数式を使っていないので厳密な説明には欠けるが，全体を早く見通すことができる．

- 「異形の惑星」井田 茂 著（NHK 出版, 2003），「スーパーアース」井田 茂 著（PHP 出版, 2011）

  1995 年までの系外惑星の発見に至るまでの苦難の歴史や 1995 年以降の熾烈な発見レースの歴史に詳しい．ホット・ジュピター，エキセントリック・ジュピターなどの多様な姿の巨大ガス惑星に対する様々な形成モデル，スーパーアースの話題などにも詳しい．

惑星科学全般に関するもの

惑星形成に限らず，惑星科学や天文学などもう少し広い範囲で参考になるであろう文献や，資料を探す際の取っかかりになる情報などを提供しておこう．

- 「惑星科学入門」中本泰史，月刊誌「パリティ」連載講座，2007 年 4 月号 〜 2008 年 3 月号（全 12 回）（丸善）

  惑星形成を含む惑星科学のいくつかの問題を，物理学的な視点から紹介したもの．レベルは本書より少しやさしい．多少の数式を使い，基本的な概念や考え方などを説明している．

- 日本惑星科学会誌「遊・星・人」（日本惑星科学会，季刊）

  https://www.wakusei.jp/book/pp/CumulativeContents.html

  日本惑星科学会員向けの会誌だが，一般の方も見ることができる．惑星科学に関わるさまざまな解説記事や研究内容紹介もある．

- "Astrophysics Data System"

  http://ads.nao.ac.jp

  天文学や宇宙物理学，惑星科学を含む，多くの研究論文を集録する web 上のデータベース．

- "The Extrasolar Planets Encyclopaedia", "Exoplanets.org"

  http://exoplanet.eu

  http://exoplanets.org

  発見された系外惑星に関するデータベース．

索　引

■英数字▶
particle-in-a-box 近似 81
stopping time 70

■あ▶
α モデル 62
インパクトパラメータ 26
ヴィーンの変位則 48
エキセントリック・ジュピター ..2, 6
エプスタイン (Epstein) 則 72
遠点 21
円盤降着 63
円盤 2 層モデル 51

■か▶
海王星型惑星 16
角運動量 22
角運動量輸送 61
ガス惑星 15
寡占成長 (oligarchic growth) 87
岩石惑星 15
間接法 4
軌道長半径 21
軌道面 20
軌道離心率 5, 21
吸収断面積 30
共鳴捕獲 116
巨大衝突 (giant impacts) 92

近点 21
ケプラー宇宙望遠鏡 7
ケプラー軌道 14
ケプラーの第 1 法則 20
ケプラーの第 3 法則 23
ケプラーの第 2 法則 20
ケルビン＝ヘルムホルツ時間 96
ケルビン＝ヘルムホルツ収縮 96
限界コア質量 96
原始惑星 10, 84
原始惑星系円盤 9
コア集積モデル 45
光学的厚さ 32
公転周期 23
氷惑星 15
孤立質量 (isolation mass) 91

■さ▶
磁気回転流体不安定 66
自己重力不安定 41
自己相似解 65
質量吸収係数 54
自転公転同期 38
ジャイアント・インパクト説 92
重力マイクロレンズ法 4
状態方程式 34
衝突断面積 26
衝突破壊カスケード 86
スーパー・アース (Super-Earth) 7
スケールハイト 35
ストークス (Stokes) 数 73

索引

ストークス (Stokes) 則 71
静水圧平衡 34

■た▶
タイプ I 移動 (type I migration) · 100
タイプ II 移動 (type II migration) 101
太陽系最小質量モデル 59
太陽系復元モデル 59
ダスト落下問題 75

地球型惑星 16
秩序成長 (orderly growth) 85
直接法 4

デッド・ゾーン 66

トゥーモレ (Toomre) の Q 値 42
トランジット法 6

■な▶
二体問題 17

粘性トルク 63

■は▶
破壊障壁 78
跳ね返り障壁 78
林モデル 59

光蒸発 68
標準モデル 45
表面脱出速度 81
ヒル圏 90
ヒル半径 41, 90
微惑星 10

平均運動共鳴 116
平均自由行程 27
平均衝突時間 27

暴走成長 (runaway growth) 84
ホット・ジュピター 2

■ま▶
面積速度一定の法則 20
面密度 57

木星型惑星 16

■や▶
ヤコビ (Jacobi)・エネルギー 89

■ら▶
乱流粘性 61

力学的摩擦 81, 98
離心率 21

ロシュ限界 37
ロシュ限界半径 40
ロシュ密度 41

■わ▶
惑星分布生成モデル (Planet Population Synthesis) 11

MEMO

MEMO

著者紹介

井田　茂（いだ　しげる）

- 1984 年　京都大学理学部卒業
- 1989 年　東京大学大学院理学系研究科地球物理学専攻修了（理学博士）
- 1990 年　東京大学教養学部　助手
- 1993 年　東京工業大学理学部地球惑星科学科　助教授
- 2006 年　同　教授
- 2012 年　東京工業大学地球生命研究所（WPI）教授（現職）
- 専　門　惑星物理学
- 著　書　「地球外生命」（共著 岩波書店，2014）
「系外惑星—宇宙と生命のナゾを解く」（筑摩書房，2012）
「スーパーアース」（PHP 出版，2011）
「ここまでわかった新・太陽系」（共著 ソフトバンククリエイティブ，2009）
「系外惑星」（東京大学出版会，2007）
「異形の惑星」（NHK 出版，2003）など

中本泰史（なかもと　たいし）

- 1988 年　東京大学理学部卒業
- 1993 年　東京大学大学院理学系研究科地球物理学専攻修了　博士（理学）
- 1993 年　日本学術振興会特別研究員（国立天文台）
- 1994 年　筑波大学物理学系　助手
- 2004 年　同大学院数理物質科学研究科物理学専攻　講師
- 2006 年　東京工業大学大学院理工学研究科地球惑星科学専攻　助教授
- 2007 年　同准教授（職名変更）
- 2014 年　同教授（現職）
- 専　門　宇宙物理学，惑星科学
- 著　書　「ここまでわかった新・太陽系」（共著 ソフトバンククリエイティブ，2009）
「シミュレーション天文学」（共著 日本評論社，2007）など

基本法則から読み解く 物理学最前線 6
惑星形成の物理
太陽系と系外惑星系の形成論入門
Physics of Planet Formation
2015 年 3 月 25 日　初版 1 刷発行

著　者	井田　茂・中本泰史 ⓒ 2015
監　修	須藤彰三 岡　真
発行者	南條光章
発行所	共立出版株式会社 東京都文京区小日向 4-6-19 電話　03-3947-2511（代表） 郵便番号　112-0006 振替口座　00110-2-57035 URL http://www.kyoritsu-pub.co.jp/
印　刷	藤原印刷
製　本	中條製本

一般社団法人
自然科学書協会
会員

検印廃止
NDC 445
ISBN 978-4-320-03526-3

Printed in Japan

JCOPY <㈳出版者著作権管理機構委託出版物>
本書の無断複写は著作権法上での例外を除き禁じられています．複写される場合は，そのつど事前に，㈳出版者著作権管理機構（電話 03-3513-6969，FAX 03-3513-6979，e-mail: info@jcopy.or.jp）の許諾を得てください．

基本法則から読み解く 物理学最前線

須藤彰三・岡 真［監修］／各巻：A5判・並製本・税別本体価格 《以下続刊》

❶ スピン流とトポロジカル絶縁体
—量子物性とスピントロニクスの発展—

齊藤英治・村上修一著　はじめに／スピン流／スピン流の物性現象／スピンホール効果と逆スピンホール効果／ゲージ場とベリー曲率／内因性スピンホール効果／トポロジカル絶縁体／他・・・・・・・・・・・・・172頁・本体2,000円

❷ マルチフェロイクス
—物質中の電磁気学の新展開—

有馬孝尚著　マルチフェロイクスの面白さ／マクスウェル方程式と電気磁気効果／物質中の磁気双極子／電気磁気効果の熱・統計力学／線形の電気磁気効果／非線形の電気磁気効果／他・・・・・・・・・・・・・・160頁・本体2,000円

❸ クォーク・グルーオン・プラズマの物理
—実験室で再現する宇宙の始まり—

秋葉康之著　宇宙初期の超高温物質を作る／クォークとグルーオン／相対論的運動学と散乱断面積／クォークとグルーオン間の力学／QCD相構造とクォーク・グルーオン・プラズマ／他・・・・・・・・・・・・・・196頁・本体2,000円

❹ 大規模構造の宇宙論
—宇宙に生まれた絶妙な多様性—

松原隆彦著　はじめに（宇宙論の疑問他）／一様等方宇宙／密度ゆらぎの進化／密度ゆらぎの統計と観測量／大規模構造と非線形摂動論／統合摂動論の基礎／統合摂動論の応用／おわりに／他・・・・・・・・・・194頁・本体2,000円

❺ フラーレン・ナノチューブ・グラフェンの科学
—ナノカーボンの世界—

齋藤理一郎著　ナノカーボンの世界／ナノカーボンの発見／ナノカーボンの形／ナノカーボンの合成／ナノカーボンの応用／ナノカーボンの電子状態／ディラックコーンの性質／他・・・・・・・・・・・・・・・・178頁・本体2,000円

❻ 惑星形成の物理
—太陽系と系外惑星系の形成論入門—

井田 茂・中本泰史著　系外惑星と惑星分布生成モデル（多様な系外惑星系他）／惑星系の物理の特徴（太陽系の惑星他）／惑星形成プロセス（原始惑星系円盤の熱構造他）／惑星分布生成モデル／他・・・・・144頁・本体2,000円

http://www.kyoritsu-pub.co.jp/　　共立出版　　（価格は変更される場合がございます）

公式Facebook　https://www.facebook.com/kyoritsu.pub